# REVUE SEMESTRIELLE DES PUBLICATIONS MATHÉMATIQUES

VEREENIGD MET

# JAHRBUCH ÜBER DIE FORTSCHRITTE DER MATHEMATIK

UITGEGEVEN DOOR DE

PREUSSISCHE AKADEMIE DER WISSENSCHAFTEN

MET BIJZONDERE MEDEWERKING VAN HET

WISKUNDIG GENOOTSCHAP TE AMSTERDAM

REDACTIE

GEORG FEIGL, JAN ARNOLDUS SCHOUTEN

## REVUE SEMESTRIELLE DES PUBLICATIONS MATHÉMATIQUES

DEEL 38. JAARGANG 1933. NR. 2

WALTER DE GRUYTER & CO.

VORMALS G.J. GÖSCHEN'SCHE VERLAGSHANDLUNG / J. GUTTENTAG, VERLAGS-BUCHHANDLUNG / GEORG REIMER / KARL J. TRÜBNER / VEIT & COMP.

BERLIN 1933 LEIPZIG

P. NOORDHOFF, GRONINGEN. — GAUTHIER-VILLARS & CIE., PARIS. — G. E. STECHERT & CO., NEW YORK

## Inhoud Inhalt



---

Jedem Titel sind in Fettdruck die Gebietsmarken des „Jahrbuchs über die Fortschritte der Mathematik" (vor dem Semikolon) und der „Revue semestrielle des publications mathématiques" (hinter dem Semikolon) beigegeben. Bezüglich der Gebietsmarken der „Revue semestrielle" wird auf den Index der „Revue semestrielle" verwiesen; die des „Jahrbuchs" werden im folgenden angegeben:

**I. Geschichte. Philosophie. Pädagogik.** **1.** Geschichte. **2.** Philosophie. **3.** Pädagogik.

**II. Mengenlehre. (Abstrakte Mengen. Punktmengen.)**

**III. Arithmetik und Algebra.** **1.** Allgemeines. Elementare Arithmetik und Algebra. **2.** Kombinatorik. Determinanten und Matrizen. **3.** Theorie der algebraischen Gleichungen und der Polynome. **4.** Algebraische Theorie der Formen. **5.** Gruppentheorie und abstrakte Algebra. **6.** Elementare Zahlentheorie. **7.** Idealtheorie. **8.** Analytische Zahlentheorie. **9.** Diophantische Approximationen. Geometrie der Zahlen. Transzendente Zahlen.

**IV. Analysis.** **1.** Grundlagen und Allgemeines. **2.** Theorie der unendlichen Zahlenfolgen. **3.** Allgemeine Theorie der reellen Funktionen: **A.** Differentialrechnung. **B.** Integralrechnung. **C.** Neuere Theorie der reellen Funktionen. **D.** Trigonometrische Reihen und Verwandtes. **4.** Allgemeine Theorie der Funktionen komplexer Argumente. **5.** Konforme Abbildung und Uniformisierung. **6.** Besondere Funktionen: **A.** Elementare Funktionen. Die $\Gamma$-Funktion und verwandte Funktionen. **B.** Hypergeometrische Funktionen, Kugelfunktionen und verwandte Funktionen. **C.** Algebraische Funktionen und ihre Integrale. **D.** Elliptische Funktionen nebst Anwendungen. Elliptische Modulfunktionen. **E.** Hyperelliptische und Abelsche Funktionen. **F.** Automorphe Funktionen. **7.** Integralgleichungen. Funktionen von unendlich vielen Veränderlichen. Funktionalanalysis. **8.** Kontinuierliche Gruppen. Differentialinvarianten. Integralinvarianten. **9.** Gewöhnliche Differentialgleichungen. **10.** Randwertaufgaben bei gewöhnlichen Differentialgleichungen. Entwicklungssätze. **11.** Differenzenrechnung. Analytische Theorie der Kettenbrüche. **12.** Partielle Differentialgleichungen. **13.** Potentialtheorie. Theorie der partiellen Differentialgleichungen vom elliptischen Typus. **14.** Parabolische und hyperbolische Differentialgleichungen. **15.** Variationsrechnung. **16.** Wahrscheinlichkeitsrechnung und Anwendungen. **17.** Praktische Analysis.

**V. Geometrie.** **1.** Allgemeines. Grundlagen der Geometrie. **2.** Topologie. **3.** Elementargeometrie. **4.** Darstellende Geometrie. **5.** Algebraische Geometrie: **A.** Allgemeines. Birationale Transformationen. **B.** Kurven zweiten Grades. **C.** Ebene algebraische Kurven. **D.** Flächen zweiten Grades. **E.** Algebraische Raumkurven, Flächen und Liniensysteme. **F.** Algebraische Gebilde in Räumen von mehr als drei Dimensionen. **6.** Differentialgeometrie: **A.** Allgemeines. Differentialgeometrie in der Euklidischen Ebene. **B.** Differentialgeometrie im dreidimensionalen Euklidischen Raum. **C.** Differentialgeometrie in mehrdimensionalen und allgemeinen Räumen. **D.** Konvexe Punktmengen. **7.** Vektor- und Tensorrechnung. **8.** Geometrische Optik.

**VI. Mechanik.** **1.** Allgemeines. **2.** Kinematik. **3.** Statik und Dynamik. **4.** Mechanik der Kontinua: **A.** Elastizitäts- und Festigkeitslehre. **B.** Hydrostatik und Hydrodynamik. Hydraulik. Aerodynamik.

**VII. Mathematische Physik.** **1.** Allgemeines. **2.** Relativitätstheorie. **3.** Quantentheorie.

**VIII. Geodäsie und Geophysik. Astronomie.** **1.** Geodäsie und Geophysik. **2.** Astronomie: **A.** Allgemeines. Sphärische Astronomie. **B.** Himmelsmechanik. **C.** Astrophysik.

# A. Periodieke Publicaties.
# Periodische Veröffentlichungen.

## Boletín del Seminario Matematico. 3 (1932), 10-11.

**J. Rey Pastor.** Distancia orientada de conjuntos. 29-31. **V 2; J 5 d.**

**C. Biggeri.** Una acotación de integrales. 32-33. **IV 3 B; C 2.**

**C. Biggeri.** Generalización de un teorema de Cèsaro para integrales divergentes. 34. **IV 3 B; C 2.**

**A. Gonzalez Dominguez.** Aplicación de la teoría de las integrales singulares a la demonstración de una fórmula de Stieltjes. 35-38. **IV 3 C; C 2 m.**

**C. Biggeri.** Varios criterios de convergencia para integrales simples y algunos teoremas sobre integrales dobles. 45-63. **IV 3 B; C 2.**

**C. Biggeri.** Algunas propiedades de las funciones determinantes. Abscisas de convergencia. 64-70. **IV 3 B; C 2.**

**C. Biggeri.** Singularidades de las funciones definidas por integrales *D*. 70-73. **IV 3 B; C 2.**

**J. Babini.** Sobre una familia de series deducidas de la serie armónica. 73. **IV 2; D 2 b.**

## Académie Royale de Belgique. Bulletin de la Classe des Sciences. (5) 18 (1932), 7-9.

**Th. De Donder.** L'Affinité. III. 578-595. **VII 1; S 4.**

**Th. De Donder, Y. Dupont.** Généralisation relativiste des équations de Dirac. 596-602. **VII 2, 3; T 1 a, c.**

**J. van Mieghem.** Étude sur la théorie des ondes. II, III. 603-615, 716-729. **V 6 C, IV 12; O², H 9.**

**J. Jaumotte.** La compensation thermique des baromètres anéroïdes. III: Baromètres destinés aux météorographes pour ballons-sondes. 616-623. **VIII 1; U 10.**

**L. Godeaux.** Note sur les congruences *W*. 662-671. **V 6 C; O².**

**L. Godeaux.** Sur les involutions cycliques dépourvues de points unis, appartenant à une surface algébrique régulière. 672-679. **V 5 E; M² 8.**

**Th. De Donder, Y. Dupont.** Théorie relativiste de l'élasticité et de l'électromagnétostriction. 680-691. **VII 2; T 1 a.**

**O. Rozet.** Sur le degré de généralité des surfaces dont les quadriques de Lie ont moins de cinq points caractéristiques. 700-703. **V 6 B; O¹ 5.**

**H. Schots.** Nieuwe Cijfertoer. 704-715. **III 2; X 10 a.**

**G. Schouls.** Calcul des affinités de vaporisation sur les plateaux d'une colonne à rectifier. 730-736. **VII 1; S 4.**

## Isis. International Review devoted to the History of Science and Civilisation. 19, 1(55).

**G. Sarton.** Preface to the nineteenth volume of Isis. 6-10. **I 1; V 2.**

Section of the History of Science of the Carnegie Institution. Fourteenth annual report for the period extending from July 1, 1931 to June 30, 1932. 15-18. **I 1; V 10.**

**S. H. Thomson.** The text of Grosseteste's De Cometis. 19-25. **I 1; V 5 b.**

**C. Camden jr.** Astrology in Shakespeare's day. 26-73. **I 1; V 6.**

**A. K. Coomaraswamy.** On translation: Māyā, Deva, Tapas. 74-91. **I 1; V 4 a.**

**D. J. Struik.** Outline of a history of differential geometry. I. 92-120. **I 1; V 2 b.**

**G. Windred.** The history of mathematical time. I. 121-153. **I 1; V 2 b.**

**B. C. Patterson.** The origins of the geometric principle of inversion. 154-180. **I 1; V 2 b.**

**H. P. Lattin.** The origin of our present system of notation according to the theories of Nicholas Bubnov. 181-194. **I 1; V 2 b.**

**G. Sarton, A. Pogo.** Thirty-fifth critical bibliography of the history and philosophy of science and of the history of civilization. 253-320. **I 1; V 1 a α.**

## Bulletin of the Calcutta Mathematical Society. 24 (1932), 3.

**A. Narayan Singh.** Remarks on a paper of Boris Kaufmann relating to parameter curves. 103-108. **IV 3 C; D 1 a.**

**N. G. Shabde.** On some results involving the *k*-function, a particular case of the confluent hypergeometric function. 109-134. **IV 6 B; H 5 f.**

**S. C. Mitra.** On the proof of a result given by Ramanujan about the complex multiplication of elliptic functions. 135-136. **IV 6 D; F 4.**

**B. N. Prasad.** Direct proof of Young's theorem for the convergence of the conjugate series of a Fourier series. 137-142. **IV 3 D; D 1 b α.**

**J. L. Sharma.** On expansions in Lamé's functions and their applications to the evaluation of certain definite integrals. 143-158. **IV 6 B; D 6.**

**N. K. Chatterjee.** Correction to „Note on the type of expanding universe recently proposed by Einstein and de Sitter". 159. **VII 2; T 1 a.**

**B. N. Prasad.** Addition to the paper, „Direct proof of Young's theorem for the convergence of the conjugate series of a Fourier series". 161. **IV 3 D; D 1 b α.**

## Indian Journal of Physics. 7 (1932), 5.

**S. R. Savur.** The effect of the Indian mountain ranges on air motion. 389-392. **VIII 1; U 10.**

**S. K. Banerji.** The effect of the Indian mountain ranges on air motion. 411-425. **VIII 1; U 10.**

**S. C. Sirkar.** A bibliography of the Raman effect. 431-490. **VII 3; T 1 c.**

## The Journal of the Indian Mathematical Society. 19 (1932), 8-12.

**N. K. Adyanthaya.** A formula for the spurious correlation between two functions of mutually incorrelated variables. 161-164. **IV 16; J 2 e ε.**

**S. Sivasankaranarayana Pillai.** An order-result concerning the $\Phi$-function. 165-168. **III 3; I 11.**

**V. L. Mutatker.** On some expansions and integrals involving the parabolic cylinder functions. 169-180. **IV 6 B; D 6 i.**

**R. Vaidyanathaswamy.** The theory of bilinear and double-binary forms. 181-190. **III 4; B 11 a, 4.**

**B. Ramamurti.** A contribution to the inversion geometry of the bicircular quartic. 177-181 kursiv. **V 5 C; $M^1$ 6.**

**A. A. Krishnaswamy Ayyangar.** On the identical relation between the line co-ordinates in a plane. 181-184 kursiv. **V 5 A; $K^1$ 1, 6.**

**M. N. Narasimha Iyengar.** On the order of the expression $1^1 . 2^2 . 3^3 \ldots n^n$. 185-192 kursiv. **IV 1; E 1 e.**

**K. Nagabhushanam.** Generalisation of the potentials of a surface of double distribution in Euclidean space. 191-202. **IV 18, VII 1; H 10 d, T 6.**

**H. Gupta.** On numbers in medial progression. 203-214. **III 6; I 25.**

**A. Narasinga Rao.** The dimensionality of constants in formulae in analytic geometry. 201-202 kursiv. **V 5 A; $K^1$ 6.**

**B. B. Bagi.** The conic in analytical geometry. 202-203 kursiv. **V 5 B; $L^1$ 3 a, 7.**

**B. B. Bagi.** On Tannery's theorem for infinite products. 203-204 kursiv. **IV 2; D 2 c.**

**G. A. Miller.** Historical note on the determination of abstract groups of given orders. 205-210 kursiv. I 1; V 2 b.

**D. D. Kosambi.** On differential equations with the group property. 215-219. IV 12, V 6 C; H 7, $P^2$ 6.

**V. L. Mutatker.** On some formulae in the theory of the zeta-function. 220-224. IV 4; D 6 i $\beta$.

**P. Ganapati.** On central ovaloids. 225-232. V 6 D; $O^1$ 5.

**G. A. Miller.** Recent discoveries in the history of mathematics. 225-231 kursiv. I 1; V 2 b.

**R. Vaidyanathaswamy.** On the foci of a conicoid. 232 kursiv. V 5 D; $L^2$ 2, 3, 5.

**G. L. Pophale.** The foci of a conic. 233 kursiv. V 5 B; $L^1$ 7.

**V. M. Telang.** An approximate construction for an angle of 40°. 234 kursiv. V 3; $K^1$ 21.

**S. Krishnamurthi Rao.** Invariant-factors of a certain class of linear substitutions. 233-240. III 2; B 1 a.

**S. P. Jain.** An analogue of a theorem of Phragmén-Lindelöf. 241-245. IV 4; $\overline{D}$ 3.

**S. Mukhopadhyaya.** Cyclic curves on an ellipsoid. 246-250. V 6 D; $O^1$ 5.

**C. N. Srinivasiengar.** Remarks on spurious correlation. 251-252. IV 16; J 2 e $\varepsilon$.

**P. Jagannathan.** On $\frac{(2n-2)}{n!(n+r)!}$. 253-256. III 6; I 11.

**N. K. Adyanthaya, N. Sundararama Sastri.** Distribution of height, weight and chest-girth in Madras males. 257-273. IV 16; J 2 e.

**B. B. Bagi.** A theorem on centroids. 249-250 kursiv. V 5 A; $K^1$ 6.

**M. N. Kuka.** Method of calculating the 'final yield', annual or halfyearly, of bonds redeemable at par after a certain number of years. 251-255 kursiv. IV 16; J 2.

**H. Chand.** The conic in areal co-ordinates. 256-258 kursiv. V 5 B; $L^1$ 3.

**B. B. Bagi.** On the determination of the real foci of a real conic. 259-261 kursiv. V 5 B; $L^1$ 7.

**R. S. Varma.** On a certain polynomial analogous to Lommel's polynomial. 274-278. IV 6 A; D 6 f.

**S. Chowla.** A theorem on characters. II. 279-284. III 8; I 25.

**Ram Behari.** A theorem on normal rectilinear congruences. 285-288. V 5 E; $N^2$ 1.

**B. B. Bagi.** On a formula in elementary trigonometry. 265-266 kursiv. V 3; $K^1$ 20.

**A. Ranganatha Rao.** Hain's theorem. 266 kursiv. V 3; $L^1$ 14.

**A. Ranganatha Rao.** On the pedal lines of a system of concyclic points. 267-272 kursiv. V 3; $K^1$ 2.

**K. Venkatachala Aiyangar.** A new method for obtaining the product formula for sin $x$. 272-276 kursiv. IV 3 C; D 1.

**A. A. Krishnaswami Ayyangar.** Geodesics. 277-280 kursiv. V 6 B; $O^1$ 5 l.

**A. A. Krishnaswami Ayyangar.** On the foci and axes of a conic. 281-282 kursiv. V 5 B; $L^1$ 3, 7.

## Časopis pro Pěstování Matematiky a Fysiky. 62 (1932), 1-3.

**V. Skalický.** Sur l'intéret continuel. (Tschechisch.) R 1-R 3. I 3; V 1 a.

**R. Marek.** Le lemniscate. (Tschechisch.) R 4-R 9. V 5 C; $M^1$ 6 b $\alpha$.

**M. Haas.** L'aire d'un secteur de la hyperbole. (Tschechisch.) R 9- R 10. V 5 B; $L^1$ 9.

**C. K. Tužil.** Un vol à moteur. (Tschechisch.) R 10-R 18. VI 4 B; S 5 c.

**V. Pilát.** Un transformateur. (Tschechisch.) R 18-R 22. VII 1; T 7.

Pamětní deska Koláčkova. (Tschechisch.) V 1-V 8. I 1; V 10 a.

**O. Setzer.** Le problème de l'aiguille dans un quadrangle. (Tschechisch, französ. Auszug.) 1-4. IV 16; J 2.

**K. Koutský.** Note sur les paires de nombres premiers à différence finie. (Tschechisch, französ. Auszug.) 5-7. **III 6; I 9.**

**M. Neubauer.** Sur les fonctions continues qui prennent chaque leur valeur $k$-fois ou $l$-fois. (Tschechisch, franz. Auszug.) 8-11. **IV 8 C; D 1 a.**

**L. Špaček.** Contribution à la théorie des fonctions univalentes. (Tschechisch, französ. Auszug.) 12-19. **IV 4; D̄ 8.**

**F. Vyčichlo.** A propos de la correspondance (2, 2). (Tschechisch, französ. Auszug.) 20-23. **V 5 A, D; K¹ 7, L².**

**A. F. Kovařík.** Sur l'âge de la terre. (Tschechisch, französ. Auszug.) 24-39. **VIII 1; U 10.**

**E. Kašpar.** Les ondes électromagnétiques le long des fils diélectriques. (Tschechisch, französ. Auszug.) 40-54. **VII 1; T 7.**

**H. K.** Dmitrij Fedorovič Selivanov 1855-1932. (Tschechisch.) 79-82. **I 1; V 10 a.**

**Záviška.** A. F. Kovarik. (Tschechisch.) 82-84. **I 1; V 10 a.**

**F. Balada.** Užití pracovní metody ve vynčování deskriptivní geometrie. (Tschechisch.) D 6-D 10. **V 4; K¹ 22.**

**V. Charfreitag.** O označování fysikálních veličin v našich učebnicích. (Tschechisch.) D 10-D 13. **I 8; V 1 a ν.**

**V. Skalický.** Grafické metody v počtu pravděpodobnosti. (Tschechisch.) D 14-D 19. **IV 16; J 2.**

**O. Setzer.** Sur les coniques uniconfocales. (Tschechisch.) R 29-R 34. **V 5 B; L¹ 19.**

**J. Šlechta.** Sur l'échelle de l'intensité de l'éclairement. (Tschechisch.) R 35-R 39. **VII 1; T 8.**

**J. Štěpanek, J. Fajtl.** Quelques notes sur le triangle. (Tschechisch.) R 40-R 44. **V 8; K¹ 8, 19.**

**V. Pilát.** Un transformateur. II. (Tschechisch.) R 45-R 47. **VII 1; T 7.**

## Blätter für Versicherungs-Mathematik und verwandte Gebiete. 2, 9.

**A. Loewy.** Ausbau der allgemeinen Bezeichnungsweisen für die Versicherungsrechnung. 321-327. **IV 16; J 2 d.**

**F. Knoll.** Zur mathematischen Theorie der Versicherung. 327-333. **IV 16; J 2 d.**

**E. Zwinggi.** Reserve und Integralgleichung in der Versicherungs-Mathematik. 333-338. **IV 16; J 2 d.**

**C. W. Sachs.** Abschließendes zur Gruppenversicherung mit technischer Durchschnittsprämie. 338-343. **IV 16; J 2 d.**

**G. Klingler, H. Rey.** Die technische Durchschnittsprämie und ihre bisherige Behandlung in der Literatur. 343-349. **IV 16; J 2 d.**

## Ergebnisse der Mathematik und ihrer Grenzgebiete. 2, 1.

**O. Veblen.** Projektive Relativitätstheorie. 73 S. 3 Abb. **VII 2; T 1 a.**

## Erkenntnis. 3 (1932), 2-3.

**R. Carnap.** Psychologie in physikalischer Sprache. 107-142. **I 2; V 1 b.**

**E. Zilsel.** Bemerkungen zur Wissenschaftslogik. 143-161. **I 2; V 1 b.**

**K. Dunker.** Behaviorismus und Gestaltspsychologie. Kritische Bemerkungen zu Carnaps „Psychologie in physikalischer Sprache". 162-176. **I 2; V 1 b.**

**R. Carnap.** Erwiderung auf die vorstehenden Aufsätze von E. Zilsel und K. Duncker. 177-188. **I 2; V 1 b.**

**K. Grelling.** Bemerkungen zu Dubislavs „Die Definition". 189-200. **I 2; V 1 b.**

**W. Dubislaw.** Bemerkungen zur Definitionslehre. 201-203. I 2; V 1 b.

**O. Neuroth.** Protokollsätze. 204-214. I 2; V 1 b.

**R. Carnap.** Über Protokollsätze. 215-228. I 2; V 1 b.

## Jahresbericht der Deutschen Mathematiker-Vereinigung. 42, 9-12.

**O. Haupt.** Emil Hilb. 183-198. I 1; V 10 a.

**J. E. Hofmann.** Heinrich Wieleitner. 199-223. I 1; V 10 a.

**J. Schröder.** Beiträge zur Darstellung der Möbiusschen Funktion. 223-237. III 6; I 11.

**S. Bergmann.** Zur Veranschaulichung der Kreiskörper und Bereiche mit ausgezeichneter Randfläche. 238-252. IV 4; $\overline{\mathrm{D}}$ 5.

**Hermann Schmidt.** Eine Eigenschaft der regelmäßigen Vielecke, deren Eckenzahl eine Primzahlpotenz ist. 253-254. III 8; A 8.

**F. Fitting.** Die Komponenten magischer Quadrate und ihre Verwendung zur Konstruktion solcher Quadrate. 254-265. III 6; X 10 a.

**H. Neumann.** Zum Eulerschen Dreieckssatz und seinem räumlichen Analogon. 266-274. V 5 A; $K^1$ 7.

**H. Bückner.** Eine elementargeometrische Aufgabe. 275-276. V 8; $K^1$ 2.

## Journal für die reine und angewandte Mathematik. 169, 2-3.

**K. Hensel.** Über die Ausführbarkeit der elementaren Rechenoperationen in Ringen von Systemen. 67-70. III 5; B 12.

**W. Hurewicz.** Über dimensionserhöhende stetige Abbildungen. 71-78. V 2; J 5 d.

**K. Strubecker.** Über eine Kreisfigur. 79-86. V 4; $K^1$ 22.

**Ta Li.** Neue Beweise zu den Carmichaelschen Sätzen über die Reihe $\Omega(x) = \sum_{n=0}^{\infty} c_n g(x+n)$. 87-91. IV 2; $\overline{\mathrm{D}}$ 3 m.

**M. Moriya.** Über die Fermatsche Vermutung. 92-97. III 6; I 19 b.

**O. Volk.** Über dreifache Flächensysteme, die sich in Geodätischen schneiden. 98-102. V 6 B; $O^1$ 6.

**W. Grunwald.** Ein allgemeines Existenztheorem für algebraische Zahlkörper. 103-107. III 5; B 12.

**B. Hesselbach.** Über die Konstruktion der Integralkurven einer Differentialgleichung erster Ordnung im komplexen Gebiet. 108-110. IV 9; H 2.

**A. Walfisz.** Teilerprobleme. III. 111-130. III 8; I 11.

**P. Vassiliou.** Bestimmung der Führer der Verzweigungskörper relativ-abelscher Zahlkörper. Beweis der Produktformel für den Führer-Diskriminanten-Satz. 131-139. III 5; B 12.

**C. Chevalley.** La théorie du symbole de restes normiques. 140-157. III 5; B 12.

**H. Davenport.** On certain exponential sums. 158-176. III 8; I 7.

**O. Haupt.** Zur Differentialgeometrie der Kurven und Flächen. 177-185. V 6 B; $O^1$ 5.

**J. v. Sz. Nagy.** Über einen Satz von Laguerre. 186-192. III 8; A 8.

## Mathematische Annalen. 108, 2-3.

**R. Iglisch.** Existenz- und Eindeutigkeitssätze bei nichtlinearen Integralgleichungen. 161-189. IV 7; H 11 c $\beta$.

**H. Grunsky.** Einige Analoga zum Schwarzschen Lemma. 190-196. IV 5; $\overline{\mathrm{D}}$ 4.

**H. Horstmann.** Zur Theorie der Funktionen mehrerer komplexen Veränderlichen: Carathéodorysche Metrik und Regularitätshüllen. 208-217. **IV 4; D̄ 5.**

**H. Geppert.** Über iterative Algorithmen. II. 197-207. **IV 4, 7; D̄ 8, H 11.**

**M. Wajsberg.** Untersuchungen über den Funktionenkalkül für endliche Individuenbereiche. 218-228. **I 2; V 1 b β.**

**H. Frasch.** Die Erzeugenden der Hauptkongruenzgruppen für Primzahlstufen. 229-252. **III 5; J 4.**

**B. L. van der Waerden.** Zur algebraischen Geometrie. II: Die geraden Linien auf den Hyperflächen des $P_n$. 253-259. **V 5 F; M⁶, M⁷.**

**G. Thomsen.** Über Kegelschnitte im Raum. 260-295. **V 6 C; O².**

**R. Moufang.** Die Desarguesschen Sätze vom Rang 10. (Eine Ergänzung zu „Ein Satz über die Schnittpunktsätze des allgemeinen Fünfecksnetzes. (Das (A, B)-Netz.)") 296-310. **V 1; Q 1 a.**

**K. Borsuk, S. Ulam.** Über gewisse Invarianten der $\varepsilon$-Abbildungen. 311-318. **V 2; J 5 d.**

**E. Tornier.** Bemerkung zu der Arbeit von Herrn Iglisch: Zum Aufbau der Wahrscheinlichkeitsrechnung. 319-320. **IV 16; J 2 a.**

**C. S. Meijer.** Asymptotische Entwicklungen von Besselschen und Hankelschen Funktionen für große Werte des Arguments und der Ordnung. 321-359. **IV 6 B; D 6 e.**

**G. Szegö.** Über eine von Herrn S. Bernstein herrührende Abschätzung der Legendreschen Polynome. 360-369. **IV 6 A; H 5 g α.**

**H. Petersson.** Über die Entwicklungskoeffizienten einer allgemeinen Klasse automorpher Formen. 370-377. **IV 6 F; G 6 a.**

**S. Bochner.** Monotone Funktionen, Stieltjessche Integrale und harmonische Analyse. 378-410. **IV 3 C; D 1.**

**E. Noether.** Der Hauptgeschlechtssatz für relativ-galoissche Zahlkörper. 411-419. **III 5; B 12.**

**A. Wiman.** Über zwei Typen von elliptischen Regelflächen achten Grades. 420-432. **V 5 E; M² 7.**

**H. Hopf, E. Pannwitz.** Über stetige Deformationen von Komplexen in sich. 433-465. **V 2; Q 3.**

**L. Kalmár.** Über die Erfüllbarkeit derjenigen Zählausdrücke, welche in der Normalform zwei benachbarte Allzeichen erhalten. 466-484. **I 2; V 1 b β.**

## Mathematische Zeitschrift. 37, 1.

**S. Bochner.** Ein Satz von Landau und Ikehara. 1-9. **IV 2; D 2 a.**

**H. Heilbronn, E. Landau.** Bemerkungen zur vorstehenden Arbeit von Herrn Bochner. 10-16. **IV 2; D 2 a.**

**H. Heilbronn, E. Landau.** Ein Satz über Potenzreihen. 17. **IV 2; D 2 a.**

**H. Heilbronn, E. Landau.** Anwendungen der N. Wienerschen Methode. 18-21. **IV 2; D 2 a.**

**E. Landau.** Über einen Satz von Herrn Dieudonné. 22-27. **IV 4; D̄ 3.**

**E. Landau.** Der Paleysche Satz über Charaktere. 28-32. **III 3; I 25.**

**E. Landau.** Über ungerade schlichte Funktionen. 33-35. **IV 4; D̄ 3.**

**E. Landau.** Über eine trigonometrische Ungleichung. 36. **IV 3 D; D 1.**

**H. Heilbronn.** Zu dem Integralsatz von Cauchy. 37-38. **IV 5; D̄ 4.**

**F. Klein.** Über gekoppelte Axiomensysteme in der Theorie der abstrakten Verknüpfungen. 39-60. **I 2; V 1 b.**

**L. Berwald.** Über einige mit dem Satz von Kakeya verwandte Sätze. 61-76. **III 3; A 3.**

**F. Lösch.** Über den Permanenzsatz gewisser Limitierungsverfahren für Doppelfolgen. II. 77-84. **IV 2; D 2 a.**

**F. Lösch.** Über das Verhalten der Potenzreihen auf dem Rande des Konvergenzkreises. III. 85-89. **IV 4; D̄ 3.**

**F. Levi.** Über die Untergruppen der freien Gruppen. II. 90-97. **III 5; J 4.**

**A. Ostrowski.** Über algebraische Funktionen von Dirichletschen Reihen. 98-133. **IV 6 C; D 6 a.**

**J. Porusch.** Die Arithmetik in Zahlkörpern, deren zugehörige Galoissche Körper spezielle metabelsche Gruppen besitzen, auf klassenkörpertheoretischer Grundlage. 134-160. **III 5; B 12.**

## Nachrichten der Gesellschaft der Wissenschaften zu Göttingen. Mathematisch-physikalische Klasse. 1932, 5.

**A. Berroth.** Über die Messung der Variation der Schwere durch Sonne und unter Berücksichtigung der dynamischen Meeresgezeiten. 449-498. **VIII 1; U 10.**

**G. Rumer, E. Teller, H. Weyl.** Eine für die Valenztheorie geeignete Basis der binären Vektorinvarianten. 499-504. **V 7, VII 3; B 12 d $\alpha$, T 1 c.**

**E. Landau.** Über Dirichletsche Reihen. 525-527. **IV 4; D̄ 3.**

**E. Wigner.** Über die Operation der Zeitumkehr in der Quantenmechanik. 546-559. **VII 3; T 1 c.**

**M. Nagumo.** Über eine kombinatorische Eigenschaft der linearen Verbindung von Vektoren auf der Ebene. 560-568. **V 7; B 12 g $\gamma$.**

**P. Jordan.** Über eine Klasse nichtassoziativer hyperkomplexer Algebren. 569-575. **III 5; B 12.**

**O. Heckmann.** Zur Ableitung der Refraktions-Korrektionen photographischer Himmelsaufnahmen. 588-593. **VIII 2 A; U.**

## 1933, 1.

**M. Nagumo.** Über eine kennzeichnende Eigenschaft der Linearkombinationen von Vektoren und ihre Anwendung. 36-40. **V 7; B 12 g $\gamma$.**

**E. Landau.** Über den Wertevorrat von $\zeta(s)$ in der Halbebene $\sigma > 1$. 81-91. **IV 4; D 6 i $\beta$.**

**R. Nevanlinna.** Über eine Minimumaufgabe in der Theorie der konformen Abbildung. 103-115. **IV 5; D̄ 4.**

**H. Busemann.** Über Räume mit konvexen Kugeln und Parallelenaxiom. 116-140. **V 1, 2, 6 D; Q 1 a, J 5 d.**

## Schriften des Mathematischen Seminars und des Instituts für angewandte Mathematik der Universität Berlin. 1, 4.

**E. Rengel.** Über einige Schlitztheoreme der konformen Abbildung. 141-162. **IV 5; D̄ 4.**

## Semester-Berichte. Bonn und Münster. 2.

**O. Toeplitz.** Zur Erneuerung der Geometrie auf der Schule. 1-12. **I 3; V 1 a $\iota$.**

**H. Beck.** Über das Gedankliche im Geometrieunterricht. 12-23. **I 3; V 1 a.**

**H. Rüping.** Das Erlanger Programm im Schulunterricht. 24-31. **I 3; V 1 a.**

**J. Daniel.** Geometrische Transformationen einfachster Art auf der Schule. 32-50. **I 3; V 1 a $\iota$.**

**S. Heller, O. Toeplitz.** Der Beweis des Strahlensatzes. 50-58. **I 3; V 1 a.**

**H. Scholz.** Was ist unter einer logistischen Konstituierung der Mathematik zu verstehen? 59-85. **I 2; V 1 b $\beta$.**

**F. Hirzebruch.** Die Reihenentwicklung der Funktionen $\ln(1+x)$, arctg $x$, sin $x$ und cos $x$ im Unterricht der höheren Schulen. 85-94. **I 8; V 1 a λ.**

**S. Heller.** Die mathematischen Jahresarbeiten an den höheren Schulen Schleswig-Holsteins in den Jahren 1927-1930. 94-102. **I 8; V 1 a.**

**A. Brust.** Gedanken einer Assessorin zur mathematischen Weiterbildung. 102-113. **I 8; V 1 a.**

**H. Behnke, P. Thullen.** Die Bereiche gleichmäßiger Konvergenz von Folgen analytischer Funktionen. 119-125. **IV 4; D̅ 3 m.**

**H. Cremer, O. Toeplitz.** Zahlkörper, in denen die Einführung von Idealen nicht nötig ist. 125-127. **III 7; I 22 d.**

**H. Cremer, O. Toeplitz.** Die Bieberbachsche Vermutung. 128-130. **IV 4; D̅ 3.**

**O. Toeplitz.** Die Stellen, an denen die Ableitung nicht existiert. 130-132. **IV 8 C; J 5 c.**

**E. A. Weiss.** E. Cartans Gruppengeometrie. 133-139. **IV 8; J 4 f.**

## Sitzungsberichte der Preußischen Akademie der Wissenschaften. Physikalisch-mathematische Klasse. 1933, I-VI.

**E. Schoenberg.** Die Refraktions- und die Diffusionskonstante der Venusatmosphäre. 50-58. **VIII 2 C; U 11.**

**H. Grötzsch.** Über zwei Verschiebungsprobleme der konformen Abbildung. 87-100. **IV 5; D̅ 4.**

**C. Carathéodory.** Die Kurven mit beschränkten Biegungen. 102-125. **IV 15, V 6 C; J 3, O³.**

**S. Bochner.** Umkehrsätze für allgemeine Limitierungsverfahren. 126-144. **IV 2; D 2 a η.**

**I. Schur.** Ein Beitrag zur elementaren Zahlentheorie. 145-151. **III 6; I 3 b.**

**T. Levi-Civita.** Diracsche und Schrödingersche Gleichung. (Aus einem Brief an Hrn. Schrödinger.) 240-250. **VII 8; T 1 c.**

**D. Fog.** Über den Vierscheitelsatz und seine Verallgemeinerungen. 251-254. **V 6 D; O¹ 2 j α.**

**Th. Motzkin, A. Ostrowski.** Über den Fundamentalsatz der Algebra. 255-258. **IV 4; D̅ 3.**

**A. Hammerstein.** Über die Approximation von Funktionen zweier komplexer Veränderlicher durch Polynome. 259-266. **IV 4; D̅ 5.**

**F. Behrend.** Über numeri abundantes. II. 280-293. **III 6; I 2.**

## Zeitschrift für angewandte Mathematik und Mechanik. 13, 2.

**L. Bieberbach.** Nomographie und Hessesches Übertragungsprinzip. 66. **IV 17; X 8.**

**J. M. Burgers.** Über die Erregung von Wellen in einem Kanal durch eine bewegte Querwand. 67-71. **VI 4 B; S 3 b.**

**C. Carathéodory.** Der Schlitten. 71-76. **VI 3; R 8.**

**H. Cramér.** Ein Grenzproblem in der Spieltheorie. 76-79. **IV 16; J 2.**

**L. Fejér.** Gestaltliches über die Partialsummen und ihre Mittelwerte bei der Fourierreihe und der Potenzreihe. 80-88. **IV 2, 3 D; D 1 b α, 2 b α.**

**P. Frank.** Die schnellste Flugverbindung zwischen zwei Punkten. 88-91. **VI 4 B; S 5 c.**

**J. Hadamard, M. Fréchet.** Sur les probabilités discontinues des événements „en chaîne". 92-97. **IV 16; J 2.**

**G. Hamel.** Abhandlungen zur Hydrodynamik. I: Bewegung eines gradlinigen Wirbels um eine Buhne. 98-101. **VI 4 B; S 2 c.**

**A. Khintchine.** Zur mathematischen Begründung der statistischen Mechanik. 101-103. **VI 3; R 6, 10.**

**K. Körner.** Ausbreitung von örtlichen Störungen in strömenden Gasen. 104-105. **VI 4 B; S 3.**

**M. v. Laue.** Thermodynamische Schwankungen. 106-112. **VII 1; S 4.**

**T. Levi-Civita.** Ergänzende Bemerkung zum Weierstraßschen Vorbereitungssatz und bedingt-periodische Bewegungen. 112-114. **IV 4; D̄ 5.**

**F. Noether.** Dynamische Gesichtspunkte zu einer statistischen Turbulenztheorie. 115-120. **VI 4 B; S 2 c.**

**H. Pollaczek-Geiringer.** Korrelationsmessung auf Grund der Summenfunktion. 121-124. **IV 16; J 2 e ε.**

**G. Pólya.** Qualitatives über Wärmeausgleich. 125-128. **VII 1; T 4 b.**

**L. Prandtl.** Ein Gedankenmodell für den Zerreißvorgang spröder Körper. 129-133. **VI 4 A; T 2.**

**H. Reißner.** Formänderung und Spannungen einer dünnwandigen, an den Rändern frei aufliegenden, beliebig belasteten Zylinderschale. Eine Erweiterung der Navierschen Integrationsmethode. 133-138. **VI 4 A; T 2.**

**E. Schmidt.** Über die Charlier-Jordansche Entwicklung einer willkürlichen Funktion nach der Poissonschen Funktion und ihren Ableitungen. 139-142. **IV 4; D̄ 3.**

**A. Stodola.** Die Kriecherscheinungen, ein neuer technisch wichtiger Aufgabenkreis der Elastizitätstheorie. 143-146. **VI 4 A; T 2.**

**G. I. Taylor.** The buckling load for a rectangular plate with four clamped edges. 147-152. **VI 4 A; T 2.**

**S. Timoshenko.** Über die Biegung von Trägerrosten. 153-159. **VI 4 A; T 2.**

**E. Trefftz.** Zur Theorie der Stabilität des elastischen Gleichgewichts. 160-165. **VI 4 A; T 2.**

**W. Wirtinger.** Über das Fehlerglied bei numerischer Integration. 166-168. **IV 17; C 2 j.**

**E. Zermelo.** Über die Bruchlinien zentrierter Ovale. Wie zerbricht ein Stück Zucker? 168-170. **VI 3; R 8.**

## Zeitschrift für Physik. 80.

**P. Frank.** Lichtstrahlen und Wellenflächen in allgemein anisotropen Körpern. 4-18. **V 8; T 3 a.**

**W. Kroll.** Zur Theorie der thermoelektrischen Effekte bei tiefen Temperaturen. 50-56. **VII 3; T 1 c.**

**H. A. Stuart, H. Volkmann.** Über den Zusammenhang zwischen der Anisotropie der optischen Polarisierbarkeit und der geometrischen Struktur eines Moleküls. 107-124. **VII 3; T 1 c.**

**H. A. Kramers, C. C. Jonker, T. Koopmans.** Wigners Erweiterung des Thomas-Kuhnschen Summensatzes für ein Elektron in einem Zentralfeld. 178-182. **VII 3; T 1 c.**

**H. Johansson, O. Scherzer.** Über die elektrische Elektronensammellinse. 183-192. **VII 3, V 8; T 3 f, a.**

**O. Scherzer.** Zur Theorie der elektronenoptischen Linsenfehler. 193-202. **VII 3, V 8; T 3 f, a.**

**R. de L. Kronig.** Zur Theorie der Supraleitfähigkeit. II. 203-216. **VII 3; T 1 c.**

**R. O. Herzog, H. C. Kudar.** Zur kinetischen Theorie der Flüssigkeit. 217-231. **VI 4 B, VII 1; T 4 e.**

**H. Petersen.** Zur Theorie der Röntgenabsorption molekularer Gase. II. 258-266. **VII 3; T 3 f.**

**P. Jordan.** Über die Multiplikation quantenmechanischer Größen. 285-291.
VII 8; T 1 c.

**A. Sommerfeld.** Über die höheren Ionisierungsspannungen der Atome im Thomas-Fermischen Modell. 415-422. VII 8; T 1 c.

**W. Lenz.** Allgemeine Theorie der Verbreiterung von Spektrallinien. 423-447.
VII 8, IV 4; T 8 f, D 8.

**H. Jensen.** Über einige für die Theorie der Druckverbreiterung von Spektrallinien wichtige Integrale. 448-450. VII 8, IV 4; T 8 f, D 8.

**W. Glaser.** Über geometrisch-optische Abbildung durch Elektronenstrahlen. 451-464.
VII 8, V 8; T 8 f, a.

**B. Mrowka.** Diamagnetische Suszeptibilität und Refraktion nach der Wellenmechanik. 495-505. VII 8; T 1 c.

**W. Pauli.** Einige die Quantenmechanik betreffende Erkundigungsfragen. 573-586.
VII 8; T 1 c.

**W. Heisenberg.** Über den Bau der Atomkerne. II. 587-596. VII 8; T 1 c.

**Th. Sexl.** Bemerkung zur Streuung gleichartiger Teilchen. 690-692. VII 8; T 8 f.

**N. Akulov.** Zur Theorie der galvanometrischen und galvanoelastischen Effekte. 693-698. VII 1, 8; T 7, 1 c.

**R. Peierls.** Zur Theorie des Diamagnetismus von Leitungselektronen. 763-791.
VII 8; T 1 c.

**O. Klein.** Zur Frage der quasimechanischen Lösung der quantenmechanischen Wellengleichung. 792-803. VII 8; T 1 c.

**L. Posener.** Zur Theorie des Elektronenmikroskops. 813-818. VII 8; T 8 f.

**M. Satô.** Über den Einfluß der Wärmeströmung auf die Brownsche Bewegung. I. 822-826. VII 1; T 1 c.

## 81.

**J. Klein.** Über die Elektronenemission dünner Metallschichten in Röntgenstrahlen. 101-120. VII 8; T 8 f.

**J. A. Schouten.** Zur generellen Feldtheorie; Ableitung des Impulsenergiestromprojektors aus einem Variationsprinzip. 129-138. VII 2; T 1 a.

**S. C. Kar.** Beitrag zur Gruppentheorie der Valenzzustände. 139-142.
VII 8, III 5; T 1 c, J 4.

**R. Fürth.** Über einige Beziehungen zwischen klassischer Statistik und Quantenmechanik. 143-162. VII 8; T 1 c, R 10.

**Th. Sexl.** Zur quantitativen Theorie der radioaktiven $\alpha$-Emission. 163-177.
VII 8; T 8 f.

**Th. Sexl.** Zur Kernstreuung von $\beta$-Teilchen. 178-185. VII 8; T 8 f.

**R. Peierls.** Zur Theorie des Diamagnetismus von Leitungselektronen. II: Starke Magnetfelder. 186-194. VII 8; T 1 c.

**V. Fock.** Über Austauschenergie. 195-208. VII 8; T 1 c.

**G. Placzek, E. Teller.** Die Rotationsstruktur der Ramanbanden mehratomiger Moleküle. 209-258. VII 8; T 8 f.

**L. Schames.** Atomistische Auffassung von Raum und Zeit. 270-282.
VII 2, 8; T 1 a, c.

**W. Elsasser.** Atomare Wellenfunktion im Impulsraum. 332-345. VII 8; T 1 c.

**F. Bloch.** Bremsvermögen von Atomen mit mehreren Elektronen. 363-376.
VII 8; T 1 c.

**G. Krutkow.** Beweis für die kanonische Verteilung eines Teilsystems. 377-382.
VII 1; S 4.

**J. A. Schouten.** Zur generellen Feldtheorie. Raumzeit und Spinraum. (G. F. V.) 405-417. VII 2; T 1 a.

**E. N. Gapon.** Zur Theorie des Atomkerns. II. 419-424. VII 8; T 1 c.

**H. C. Burger, P. H. van Cittert.** Wahre und scheinbare Intensitätsverteilung in Spektrallinien. II. 428-434. VII 8; T 8 f.

**S. Flügge.** Ein wellenmechanisches Modell des Neutrons. 491-495. VII 8; T 1 c.

**H. Casimir.** Zur korrespondenzmäßigen Theorie der Linienbreite. 496-506. VII 8; T 8 f.

**H. Jensen.** Über die Gültigkeit des Virialgesetzes in der Thomas-Fermischen Theorie. 611-624. VII 8; T 1 c.

**W. Glaser.** Zur geometrischen Elektronenoptik des axialsymmetrischen Feldes. 647-686. V 8, VII 8; T 8 a, f.

**R. Peierls.** Zur Theorie der Metalle. Erwiderung auf eine Arbeit von A. H. Wilson. 697-699. VII 8; T 1 c.

**R. Nestle, K. Schäfer.** Erwiderung auf eine Bemerkung der Herren A. Lustig und M. Reiß in Wien. Mit einem Nachwort von E. Regener. 700-702. VII 8; T 1 c.

**C. Lanczos.** Die Wellenmechanik als Hamiltonsche Dynamik des Funktionenraumes. Eine neue Ableitung der Diracschen Gleichung. 703-732. VII 8; T 1 c.

**G. A. Kugler, F. Ollendorff, A. Roggendorf.** Über die Beweglichkeit elektrischer Ladungsträger unter dem gleichzeitigen Einfluß starker elektrischer und magnetischer Felder. 733-744. VII 1; T 7.

**N. Akulov.** Zur Theorie der Hysteresisverluste. 790-794. VII 1, 8; T 6, 1 c.

**F. Simon.** Über eine Möglichkeit zur Erreichung beliebig tiefer Temperaturen. 824-831. VII 1; S 4.

## Revista de la Academia de Ciencias exactas, fisico-químicas y naturales de Madrid. 29; 1 (1932), 2 (1933).

**I. N. Jiménez.** Estructura cristalina del volframato de bario. 111-149. VII 8; T 8 e, f.

**C. Biggeri.** Series e integrales multiples de Dirichlet. 311-326. IV 4; $\bar{\bar{D}}$ 8.

## Universidad. Sección de Ciencias. 1, 3-4.

**J. Domingo y Quilez.** La turbulencia atmosférica y la evaporación de las grandes masas de agua. 91-126. VIII 1; U 10.

**J. M. Íñiguez y Almech.** Ideaa de algunos métodos gráficos para el estudio de las reacciones químicas. 127-148. IV 17; X 4.

**J. Albareda y Herrera.** Los factores de vegetación según la ley de Mitscherlich. 157-171. IV 16; J 2 e.

## Annales de Physique. (10) 19, 1-4.

**G. Dupouy, M. Schérer.** Théorie moléculaire des effets optiques simultanés de la polarisation rotatoire magnétique et de la biréfringence magnétique. 1-46. VII 8; T 8 f.

**A. Cotton.** Sur la surface des ondes dans un liquide soumis à l'action d'un champ magnétique. 47-58. VII 8; T 8 f.

**H. Bouasse.** Modification par les obstacles des jets d'air turbulents. 89-228. VI 4 B; S 2 c.

**L. Goldstein.** Théorie quantique des chocs d'électrons inélastiques. 305-420. VII 8; T 1 c.

## Comptes rendus hebdomadaires des Séances de l'Académie des Sciences. 196, 10-17.

**R. Lagrange.** Sur le théorème de Poncelet et une classe de cyclides. 663-666. **V 5 B, D; $L^1$ 17 d, $L^2$ 17.**

**Glagoleff.** Construction effective et générale de la transformation de Cremona dans le plan et dans l'espace. 666-667. **V 5 A; $P^1$ 4 c.**

**J. Winter.** Sur une application de la théorie des perturbations de Schrödinger à un problème où la dégénérescence persiste jusqu'à l'approximation *n* (équation de Mathieu). 667-669. **IV 6 B, 12, 13; D 6, H 9, 10.**

**H. Cartan.** Sur les groupes de transformations pseudo-conformes. 669-671. **IV 8; J 4 f.**

**N. Aronszajn.** Sur les décompositions des fonctions uniformes. 672-674. **IV 4; $\overline{D}$ 3.**

**J. Delsarte.** Sur l'évolution sphérique. 678-680. **VII 2; T 1 a.**

**P. Vernotte.** Sur la meilleure manière d'assurer un isolement thermique. 680-682. **VII 1; T 4.**

**M. Brelot.** Sur le problème de Dirichlet. 737-739. **IV 13; $\overline{D}$ 4 c.**

**M. Krawtchouk.** Sur la distribution des racines des polynomes orthogonaux. 739-741. **IV 6 A; D 6.**

**E. Lahaye.** Une méthode de résolution des équations algébriques. 742-744. **III 3; A 3.**

**C. Chevalley.** Génération d'un groupe topologique par des transformations infinitésimales. 744-746. **IV 7, 8; J 4 f, g.**

**N. Obrechkoff.** Sur des fonctions méromorphes qui sont limites des fractions rationnelles. 746-748. **IV 4; $\overline{D}$ 3 i.**

**G. Valiron.** Généralisations de théorèmes de MM. Lindelöf et Phragmén. 748-750. **IV 4; $\overline{D}$ 3.**

**H. Poncin.** Sur la détermination des mouvements d'un fluide autour d'une cavitation. 756-757. **VI 4 B; S 2.**

**B. Kwal.** Sur les trajectoires des électrons dans un champ magnétique longitudinal. 758-760. **VII 3; T 1 c.**

**L. Lecornu.** Notice nécrologique sur Jules Andrade. 821-822. **I 1; V 10 a.**

**G. Pfeiffer.** Sur l'expression d'un système des fonctions contenant deux paramètres. 833-835. **IV 4; $\overline{D}$ 5.**

**V. Niemytzki.** Sur les équations intégrales non linéaires. 836-838. **IV 7; H 11 c $\beta$.**

**A. Denjoy.** Sur l'intégration des différentielles totales et la métrique des courbes. 838-841. **IV 3 C; D 1 a.**

**V. A. Kostitzin.** Sur les solutions asymptotiques des équations différentielles de la théorie de croissance des organismes. 841-843. **IV 16; J 2 e.**

**F. E. Myard.** Sur une théorie générale de tous les joints de transmission de rotations à couples d'emboîtement. 843-845. **VI 2; R 1.**

**M. Mendes.** Un cas particulier du problème des *n* corps à masses variables. 845-848. **VIII 2 B; $\overline{U}$ 9 a.**

**É. Borel.** Sur un problème élémentaire de probabilités et la quasi-periodicité de certains phénomènes arithmétiques. 881-882. **IV 16; J 2.**

**J. Delsarte.** Sur un $ds^2$ à symétrie axiale non statique et sur quelques problèmes connexes. 888-889. **V 6 C; $O^2$.**

**G. Bourion.** Sur une classe de séries de Taylor. 889-891. **IV 4; $\overline{D}$ 3 b $\alpha$.**

**J. Wolff.** Extension d'un théorème de M. Warschawski sur la représentation conforme. 891-893. **IV 5; $\overline{D}$ 4.**

**M. Luntz, P. Schwarz.** Sur un cas particular du mouvement engendré dans un fluide visqueux par la rotation d'un cylindre. 894-896. **VI 4 B; S 2 f.**

**F. Vasilesco.** Sur le mouvement avec sillage, à trois dimensions, d'un corps solide dans un fluide. 896-898. **VI 4 B; S 2.**

**R. d'Adhémar.** Sur les équations du mouvement gyroscopique des projectiles stables. 899-900. **VI 3; S 6 b.**

**J. Mariani.** La mécanique quantique et la théorie des groupes finis et continus de Sophus Lie. 900-902. **VII 3, IV 8; T 1 c, J 4 f.**

**G. Lemaitre.** Condensations sphériques dans l'univers en expansion. 903-904. **VIII 2 C; U 11.**

**H. Abraham.** Sur la définition du champ magnétique. 908-910. **VII 1; T 6.**

**F. Croze.** Sur les aberrations de coma des faisceaux de grande inclinaison. 913-916. **V 8; T 3 a.**

**S. Finikoff.** Surfaces dont les lignes de courbure se correspondent avec égalité des rayons de courbure principaux homologues. 984-986. **V 6 B; $O^1$ 5.**

**S. Golab.** Sur la représentation conforme de deux espaces de Finsler. 986-988. **V 6 C; $O^2$.**

**M. Soula.** Sur une équation intégrale. 988-990. **IV 7; H 11 c.**

**A. Tsortsis.** Sur l'intégration d'une classe d'équations linéaires aux dérivées partielles du second ordre à une fonction inconnue de *n* variables indépendantes. 990-992. **IV 12; H 7.**

**H. Cartan.** Sur les groupes de transformations pseudo-conformes. 993-995. **IV 8; J 4 f.**

**T. Carleman.** Sur une inégalité différentielle dans la théorie des fonctions analytiques. 995-997. **IV 4; D 3.**

**F.-E. Myard.** Sur une liaison absolument générale entre deux axes de rotation quelconques dans l'espace. 997-999. **VI 2; R 1.**

**É. Sevin.** Sur l'absorption du rayonnement cosmique par l'atmosphère. 1005-1007. **VIII 2 C; U 11.**

**F. Prunier.** Au sujet des équations de l'électromagnétisme. 1007-1009. **VII 1; T 7.**

**J. Drach.** Sur les congruences de droites et leurs surfaces focales. 1057-1060. **V 6 B; $O^1$ 7 a.**

**S. Bernstein.** Sur l'équation différentielle de Fokker-Planck. 1062-1064. **IV 16; J 2.**

**J. Mirguet.** Sur certains ensembles de droites. 1067-1069. **II; J 5 b.**

**P. Mentré.** Sur une déformation projective des complexes tétraédraux. 1069-1071. **V 6 C; $O^2$.**

**A. Appert.** Sur les ordres de séparabilité dans les espaces abstraits. 1071-1074. **V 2; J 5 c.**

**D. van Dantzig.** Groupes monoboliques et fonctions presque périodiques. 1074-1076. **III 5, V 2, IV 8 C; B 12, J 4, 5 d, D 1.**

**J.-C. Vignaux.** Sur la méthode de sommation de M. Édouard Le Roy. 1076-1078. **IV 2; D 2 a $\eta$.**

**E. Kogbetliantz.** Expression approchée du polynome de Laguerre $L_n^{(\alpha)}(x)$. 1079-1080. **IV 6 A; D 6.**

**G. Lemaitre.** La formation des nébuleuses dans l'univers en expansion. 1085-1087. **VIII 2 C; U 11.**

**G. Allard.** Sur le calcul des moments électriques. 1095-1097. **VII 3; T 1 c.**

**D. van Dantzig.** Le groupe fondamental des groupes compacts abstraits. 1156-1159. **III 5, V 2; B 12, J 4, 5 d.**

**Saintillan.** Forces d'inertie d'un système et mouvement d'entrainement. 1159-1161. **VI 3; R 8.**

**M. Piazzolla-Beloch.** Sur une famille remarquable de courbes topologiques planes. 1193-1195. **V 2, 5 C; J 5 d, M¹.**

**M. Charpentier.** Sur des courbes fermées et leurs bouts premiers. 1195-1197. **V 2; J 5 d.**

**N. Botea.** Sur les fonctions holomorphes. 1197-1199. **IV 4; $\overline{D}$ 3.**

**W. Stepanoff, A. Tychonoff.** Sur les espaces des fonctions presque périodiques. 1199-1201. **IV 3 C; J 5 c.**

**L. Pontrjagin.** Les fonctions presque périodiques et l'analysis situs. 1201-1203. **V 2, IV 3 C; Q 3, D 1.**

**J. Devisme.** Sur deux questions relatives à l'équation de M. P. Humbert. 1203-1204. **IV 12; H 8.**

**A. Appert.** Sur le rôle de la deuxième condition de F. Riesz dans les espaces abstraits et sur certaines propriétés de connexion. 1205-1207. **V 2; J 5 d.**

**G. Lampariello.** Sur la nature analytique des solutions des systèmes canoniques intégrables par quadratures. 1207-1209. **VI 3; R 6.**

**R. L'Hermite.** Pièce plane indéfinie soumise à l'action de forces massiques situées dans le plan et application au calcul des tympans rectangulaires supportant des forces intérieures et extérieures. 1209-1212. **4 VI A; T 2.**

## L'Enseignement mathématique. 31, 1-3.

**A. Buhl.** René Baire. 5-13. **I 1; V 10 a.**

**G. Bouligand.** Sur la semi-continuité d'inclusion et quelques sujets connexes. 14-22. **II; J 5 c.**

**A. Buhl.** Fronts d'ondes et corpuscules (A propos du problème d'agrégation de 1929). 23-30. **IV 12, 8; H 7.**

**M. D'Ocagne.** Sur la polaire généralisée. 31-49. **V 5 B; L¹ 2.**

**R. Harmegnies.** Sur la polaire généralisée et sur la courbe moyenne de deux cercles. 50-57. **V 5 B; L¹ 2.**

**D. V. Jonesco.** Sur certaines courbes qui généralisent les coniques. 58-66. **V 5 C; M¹.**

**N. Cioranesco.** Sur les équations fonctionnelles du cosinus et du sinus circulaires et hyperboliques. 67-74. **IV 7; H 11 c.**

**A. Wundheiler.** Une démonstration simple de la formule d'interpolation de S. Bernstein. 75-77. **IV 3 C; D 1.**

**M. I. Tzénoff.** Sur une loi corrective de la loi de Newton pour la détermination du déplacement du périhélie et de la déviation des rayons lumineux. 77-89. **VII 2; T 1 a.**

**R. Marchay.** Propriétés arithmétiques des entiers algébriques. 90-95. **III 6, 7; I 22.**

**F. Gonseth.** La vérité mathématique et la réalité. 96-114. **I 2; V 1 b.**

## Nature. 131, 3307-3313.

Science and service in universities overseas. 377-380. **I 3; V 1 a.**

**D. E. Rutherford.** Recent researches on the transmutation of the elements. 388-389. **VII 3; T 1 c.**

**C. Stanton Hicks.** Scientific centralisation in the British Empire. 397. **I 3; V 1 a.**

**E. C. Pollard.** Heights of nuclear potential barriers and nuclear structure. 398. **VII 3; T 1 c.**

**R. H. Nisbet.** Fourier analysis and vowel curves. 401. **IV 3 D; D 1 b α.**

**A. Lees.** Wave equations and the conservation of energy. 402. **VII 3; T 1 c.**

**N. Bohr.** Light and life. 421-423, 457-459. **VII 3; T 3 f.**

**G. Gamow.** Nuclear energy levels. 433. **VII 3; T 1 c.**

The new compressed air wind tunnel at the National Physical Laboratory. 442.
VI 4 B; S 5 c.

**F. Robbins.** Dr. R. T. A. Innes. 461-462. I 1; V 10 a.

**H. Bateman, E. T. Whittaker.** Variation problems for a symmetrical region. 472.
IV 15; J 3.

**G. C. McVittie.** Milne's theory of the expansion of the universe. 533-534.
VIII 2 C; U 11.

**H. P. Hollis.** A numerical coincidence. 550. VIII 2 C; U 11.

Early history of the determination of atomic charge. 569-570. VII 3; T 1 c.

Scientific and industrial research. 570-573. I 3; V 1 a.

**F. M. Denton.** Dimensions of fundamental units. 585. VII 1; T 1.

**G. Gamow.** Fundamental state of nuclear $\alpha$-particles. 618-619. VII 3; T 3 f.

**H. Alfvén.** Origin of cosmic radiation. 619-620. VIII 2 C; U 11.

**A. Lynch.** „The case against Einstein". 622. VII 2; T 1 a.

## Proceedings of the Edinburgh Mathematical Society. (2) 3, 3.

**H. W. Turnbull.** James Gregory; a study in the early history of interpolation. 151-172.
I 1; V 7.

**C. E. Winn.** On absolute summability for any positive order. 173-178. IV 2; D 2 a $\eta$.

**J. Williamson.** Sets of semi-commutative matrices. 179-188. III 2; B 1 a.

**L. M. Milne-Thomson.** A matrix representation of ascending and descending continued fractions. 189-200. III 2, IV 11; B 1 a, D 2 d.

**E. T. Copson.** An approximation connected with $e^{-x}$. 201-206. IV 2; D 2.

**A. C. Aitken.** On the evaluation of determinants, the formation of their adjugates, and the practical solution of simultaneous linear equations. 207-219.
III 2, IV 16; B 1, J 2 e.

**C. E. Walsh.** Supplement to a note on recurrent sequences. 220-222. IV 2; D 2 a.

**R. Weitzenböck.** Über die Endlichkeit der Invarianten binärer Formen. 223-230.
III 4; B 4.

## Proceedings of the London Mathematical Society. (2) 35, 2-3.

**J. Proudman.** Note on the free tidal oscillations of a sea with slow rotation. 75-82.
VI 4 B; S 2.

**N. G. Bakhoom.** Asymptotic expansions of the function $F_k(x) = \int_0^\infty e^{-u^k+xu}\,du$. 83-100. III 3, IV 4; E 5.

**D. M. Y. Sommerville.** On the relations between the rotation-groups of the regular polytopes and permutation-groups. 101-115. V 5 A, 1, III 5; P[1]6, J 4 a, Q 1.

**G. H. Hardy. E. C. Titchmarsh.** A class of Fourier kernels. 116-155. IV 7; H 11 c.

**G. N. Watson.** General transforms. 156-199. IV 7; J 4 g.

**D. E. Littlewood.** On the classification of algebras. 200-240. III 5; B 12.

## Proceedings of the Royal Society of London. A. 138 (1932), 836.

**G. Temple.** The physical principles of the quantum theory. 479-501. VII 3; T 1 c.

**J. McDougall.** The calculation of terms of the optical spectrum of an atom with one series electron. 550-579. VII 3; T 3 f.

**A. H. Wilson.** The theory of metals. I. 594-606. VII 3; T 1 c.

**W. M. Shepherd.** The torsion and flexure of shafting with keyways or cracks. 607-634.
VI 4 A; T 2.

**H. R. Hulme.** The internal conversion coefficient for Radium *C*. 643-664. **VII 8; T 8 f.**

**H. M. Taylor, N. F. Mott.** A theory of the internal conversion of $\gamma$-rays. 665-695. **VII 8; T 8 f.**

**R. K. Schofield, G. W. Scott Blair.** The relationship between viscosity, elasticity and plastic strength of soft materials as illustrated by some mechanical properties of flour doughs. I. 707-718. **VI 4 A, B; T 2, S 2.**

## 139, 837-839.

**F. G. Hopkins.** James Mercer. John Charles Field. 3, 7. **I 1; V 10 a.**

**C. A. Schott.** On the electromagnetic fields due to variable electric charges and the intensities of spectrum lines according to the quantum theory. 37-56. **VII 8; T 1 c.**

**E. J. Williams.** Applications of the method of impact parameter in collisions. 163-186. **VII 8; T 1 c.**

**H. S. W. Massey, C. B. O. Mohr.** The collision of slow electrons with atoms. II: General theory and inelastic collisions. 187-201. **VII 8; T 1 c.**

**E. A. Guggenheim, N. K. Adam.** The thermodynamics of adsorption at the surface of solutions. 218-236. **VII 1; S 4.**

**L. V. King.** On the flow of electric current in semi-infinite stratified media. 237-277. **VII 1; T 7.**

**G. I. Taylor, J. W. Maccoll.** The air pressure on a cone moving at high speeds. I. 278-311. **VI 4 B; S 2, 5.**

**D. R. Hartree, M. M. Black.** The theoretical investigation of the oxygen atom in various states of ionisation. 311-325. **VII 8; T 1 c.**

**R. A. Fisher.** The concepts of inverse probability and fiducial probability referring to unknown parameters. 343-348. **IV 16; J 2 e** $\alpha, \beta$.

**S. R. Milner.** On the foundations of the electron wave equation. 349-368. **VII 8; T 1 c.**

**D. Coster, K. S. Knol.** The atomic scattering factor for *X*-rays in the region of anomalous dispersion. 459-466. **VII 8; T 8 f.**

**R. P. Bell.** The application of quantum mechanics to chemical kinetics. 466-474. **VII 8; T 1 c.**

**R. V. Southwell.** On the calculation of stresses in braced frameworks. 475-507. **VI 4 A; T 2.**

**R. K. Schofield, G. W. Scott Blair.** The relationship between viscosity, elasticity and plastic strength of a soft material as illustrated by some mechanical properties. II. 557-566. **VI 4 A, B; T 2, S 2.**

**J. Lens.** On the diffuse double layer. 596-603. **VII 8; T 1 c.**

**G. S. Hartley, J. L. Moilliet.** The moving boundary method for the determination of transport numbers. 141-158. **VIII 1; T 7.**

**J. W. Harding.** The change of resistance of a semi-conductor in a magnetic field. 205-222. **VII 8; T 1 c.**

## Proceedings of the Royal Society of Edinburgh. 52 (1932), 5.

Obituary notices. 445-446, 458-459, 472-473. **I 1; V 10 a.**

## 53, 1.

**L. Hogben.** A matrix notation for Mendelian populations. 7-25. **IV 16; J 2 e.**

**W. O. Kermack, W. H. M'Crea, E. V. Whittaker.** On properties of null geodesics, and their application to the theory of radiation. 31-47. **V 6 C, VII 2; $O^2$, T 1 a.**

**A. C. Aitken.** On the graduation of data by the orthogonal polynomials of least squares. 54-78. **IV 16, 17; J 2, X 2.**

**H. S. Ruse.** On the measurement of spatial distance in a curved space-time. 79-80. VII 2; T 1 a.

## The Journal of the London Mathematical Society. 8, 2 (30).

**A. E. Jolliffe.** An identity connected with a polynomial algebraic equation. 82-85. III 3; A 3.

**M. Fekete, G. Szegö.** Eine Bemerkung über ungerade schlichte Funktionen. 85-89. IV 5; $\overline{D}$ 4.

**W. V. Quine.** A theorem in the calculus of classes. 89-95. I 2; V 1 b $\beta$.

**B. E. Lawrence.** An extension of Ostrowski's gap theorem to double series. 96-99. IV 4; $\overline{D}$ 5.

**W. N. Bailey.** On certain relations between hypergeometric series of higher order. 100-107. IV 6 B; H 5 f.

**R. G. Cooke.** Some solutions of the matrix equation $AX - XA = 1$. 107-109. III 2; B 1 a.

**A. J. Ward.** The structure of non-enumerable sets of points. 109-112. II; J 5 b.

**G. H. Hardy.** The constants of certain inequalities. 114-119. IV 7; E 3.

**J. M. Whittaker.** The asymptotic periods and geometric difference of an integral function. 119-125. IV 4; $\overline{D}$ 3.

**J. A. Todd.** A configuration in space of nine dimensions related to Kummer's $16_6$ configuration. 126-129. V 5 F; M'.

**D. W. Babbage.** Note on rational double planes. 130-133. V 5 E; M².

**A. C. Dixon.** The specification of a map. 134-136. V 2; Q 3.

**C. W. Gilham.** Some algebraic integrals with rational values. 136-141. IV 6 C; D 6 a.

**A. S. Eddington.** On sets of anticommuting matrices. II: The factorization of $E$-numbers. 142-152. III 2, VII 3; B 1 a, T 1 c.

**J. L. Synge.** John Charles Fields. 153-160. I 1; V 10 a.

## The London, Edinburgh, and Dublin Philosophical Magazine and Journal of Science. (7) 15, 96-99.

**J. S. Thompson.** The analysis of compound wave forms. 1-15. VI 4 A; T 2.

**I. E. Viney, G. G. Leybourne.** Gravitation and electricity. II. 33-48. VII 2; T 1 a.

**J. W. Campbell.** The clock problem in relativity. 48-51. VII 2; T 1 a.

**G. Temple.** On Rayleigh's principle. To the editors of the Philosophical magazine. 64-65. VI 4 A; T 2.

**A. Ganguli.** On the equilibrium between radiation and matter in the universe. 65-72. VII 2, 3; T 1 a, 3 f.

**D. Robertson.** Whirling of a journal in a sleeve bearing. 113-130. VI 4 A; T 2.

**H. F. Willis.** Gravitation and electricity. III. 130-143. VII 2; T 1 a.

**J. Neufeld.** Extension of the methods of Heaviside's calculus in calculation of circuits containing parameters varying with time. 170-177. VII 1; T 7.

**A. Ganguli.** Note on Raman effect. 193-196. VII 3; T 3 f.

**L. V. King.** Electromagnetic shielding at radio frequencies. 201-223. VII 1; T 7.

**A. Korn.** A mechanical theory of wave mechanics and quantum mechanics. 236-241. VII 3; T 1 c.

**J. D. Stephenson.** Theory of electrical discharge in gases at normal pressures and temperatures. 241-262. VII 1; T 7.

**A. H. Davis.** Transmission of sound through partitions. 309-316. VI 4 A; T 2 c.

**R. C. Colwell.** The vibrations of a Chladni plate. 317-324. VI 4 A; T 2.

**G. E. Pavlenko.** The oszillation of a fluid in a moving tank. 360-374. **VI 4 B; S 2.**

**L. Silberstein.** Spectral composition of an X-ray radiation determined from its filtration curve. 375-394. **VII 8; T 8 f.**

**N. W. McLachlan.** Accession to inertia of and power radiated by a sphere vibrating in various ways; with applications to hornless loud speakers. 443-472. **VI 4 A; T 2.**

**G. F. H. Harker.** A direct determination of the indices and locations of the spots in a Laue pattern of calcite. 512-527. **VII 8; T 8 f.**

**A. D. Crow, W. E. Grimshaw.** The combustion problem of internal ballistics. 529-553. **VI 8; S 6 a.**

**V. Belfield.** Some applications of the theorem of three moments. 562-574. **VI 4 A; T 2.**

**D. Meksyn.** Uncertainty relations and volume of photons. 592-601. **VII 8; T 1 c.**

**N. A. V. Piercy, M. S. Hooper, H. F. Winny.** Viscous flow through pipes with cores. 647-676. **VI 4 B; S 2 f.**

**O. J. Lodge, A. Lodge.** Some elementary considerations concerned with modern physics. I: The Larmor-Lorentz transformation. 706-726. **VII 2; T 1 a.**

## The Proceedings of the Physical Society of London. 45, 1-2 (246-247).

**M. Fahmy.** A further point of analogy between the equations of the quantum theory and Maxwell's equations. 67-69. **VII 8; T 1 c, 7.**

**L. R. Wilberforce.** A common misapprehension of the theory of induced magnetism. 82-87. **VII 1; T 6.**

**B. Lloyd-Evans, S. S. Watts.** An investigation into the flow of air in pipes. 91-100. **VI 4 B; S 5 c.**

**A. S. Eddington.** Notes on the method of least squares. 271-287. **IV 16; J 2 e $\beta$.**

**G. I. Finch, R. W. Sutton.** The control of ignition-coil discharge characteristics. 288-306. **VII 1; T 7.**

## The Quarterly Journal of Mathematics. 4, 13.

**T. W. Chaundy.** Maxima and minima; the semi-definite case. 1-11. **IV 8 A; C 1 f.**

**M. Reiner.** A contribution to the theory of the straight beam. 12-20. **VI 4 A; T 2.**

**J. Hodgkinson.** A class of triangle-functions. II. 21-36. **IV 6 F; G 6 a.**

**E. M. Wright.** The representation of a number as a sum of five or more squares. 37-51. **III 8; I 17.**

**R. E. A. C. Paley.** Theorems on polynomials in a Galois field. 52-63. **III 5; B 12.**

**E. C. Titchmarsh.** On the function $1/\zeta(1+it)$. 64-70. **IV 4; D 6 1 $\beta$.**

**A. G. Walker.** Spatial distance in general relativity. 71-80. **VII 2; T 1 a.**

## Commentarii Mathematici Helvetici. 5, 3-4.

**M. Fréchet.** Les probabilités continues „en chaîne". 175-245. **IV 16; J 2.**

**A. Fischer.** Grundlagen der elliptischen Geometrie. 246-253. **V 1; Q 1 a.**

**W. Rivier.** Note sur un type d'équations différentielles du premier ordre. 254-255. **IV 9; H 2.**

**W. Mächler.** Laplace'sche Integraltransformation und Integration partieller Differentialgleichungen vom hyperbolischen und parabolischen Typus. 256-304. **IV 14; H 9.**

**Th. Skolem.** Ein allgemeines quadratisches Reziprozitätsgesetz in denjenigen algebraischen Zählkörpern, worin 2 voll zerfällt. 305-318. **III 5; B 12.**

**R. Fueter.** Ein Satz über die Ring- und Strahlenklassenzahlen in algebraischen Zahlkörpern. 319-322. **III 5; B 12.**

## Helvetica Physica Acta. 6, 1-2.

**V. Fischer.** Thermodynamik der Gemische mit einer Anwendung auf Aethylalkohol-Wasser. 42-67. **VII 1; S 4.**

**J. Weigle.** L'orientation des molécules non polaires par les dipoles. 68-81. **VII 3; T 1 c.**

**K. Bechert.** Bemerkung zum Wentzelschen Näherungsverfahren in der relativistischen Dynamik des Elektrons. 82-88. **VII 3; T 1 c.**

**G. Wentzel.** Kristalloptik und Wellenmechanik. 89-109. **VII 3; T 3 f.**

**F. Zwicky.** Die Rotverschiebung von extragalaktischen Nebeln. 110-127. **VIII 2 C; U 11.**

## Annali della R. Scuola Normale Superiore di Pisa. (2) 1 (1932), 3-4.

**E. Ciani.** Una nuova forma canonica della ternaria cubica. 215-228. **V 5 C; M¹ 5.**

**V. Levi-Civita.** Attrazione newtoniana dei tubi sottili e vortici filiformi. II. 229-250. **VI 4 B; S 2.**

**L. Schlesinger.** Zur Theorie der Zetareihen von Poincaré. 251-254. **IV 6 F; G 6 a.**

**B. Levi.** Determinazione della natura delle radici della soluzione periodica dell' equazione differenziale $(a_1 x + a_0) y'' + (b_1 x + b_0) y' - n b_1 y = 0$. 255-261. **IV 9; H 5 g.**

**L. Fejér.** Bestimmung derjenigen Abszissen eines Intervalles, für welche die Quadratsumme der Grundfunktionen der Lagrangeschen Interpolation ein möglichst kleines Maximum besitzt. 263-276. **IV 6 A; D 2.**

**A. Tonolo.** Sui sistemi isostatici con sforzi costanti di un mezzo elastico in equilibrio. 277-282. **VI 4 A; T 2.**

**P. Lévy.** Sur un problème de calcul des probabilités lié à celui du refroidissement d'une barre homogène. 283-296. **IV 16, VII 1; J 2, T 4.**

**L. Cesari.** Sulle serie doppie. 297-314. **IV 2; D 2.**

**G. Andreoli.** Parallelismi, trasporti rigidi, riferimenti locali nelle $V_2$. 315-332. **V 6 B; O¹ 5.**

**E. Cartan.** Sur la géométrie pseudo-conforme des hypersurfaces de l'espace de deux variables complexes. II. 333-354. **IV 4, V 6 C; $\overline{\text{D}}$ 5, P² 6.**

**P. Calapso.** Il problema di deformazione nel gruppo conforme, delle reti *O* di uno spazio a quattro dimensioni. 355-370. **V 6 C; O².**

**P. Montel.** Sur une formule de Darboux et les polynomes d'interpolation. 371-384. **IV 4; $\overline{\text{D}}$ 3.**

**H. Bohr, B. Jessen.** Über fastperiodische Bewegungen auf einem Kreis. 385-398. **IV 3 C, 4; D 1, $\overline{\text{D}}$ 3.**

**G. Ricci.** Sulla convergenza assoluta delle serie trigonometriche. 399-412 **IV 3 C; D 2 b $\beta$.**

## Annali di Matematica pura ed applicata. (4) 11, 3-4.

**H. Kneser.** Periodische Differentialgleichungen und fastperiodische Funktionen. 181-185. **IV 3 C, 9; D 2 b, H 2.**

**A. Rosenblatt.** Sulla stabilità del movimento generale laminare dei liquidi viscosi incompressibili. 187-206. **VI 4 B; S 2 f.**

**B. N. Prasad.** On the summability $(c, 1)$ of the conjugate series of a Fourier series. 207-214. **IV 3 D; D 1 b $\alpha$.**

**B. Finzi.** Equazioni intrinseche della meccanica dei sistemi continui perfettamente od imperfettamente flessibili. 215-245. **V 6 C, VII 2; O², T 1 a.**

**K. Bohlin.** Sur l'équation algébrique du cinquième degré. 247-281. **III 3; A 3.**

**S. Golab.** Sopra certe classi di connessioni lineari. 283-293. **V 6 C; O².**

**S. Cinquini.** Sull' approssimazione delle funzioni di due variabili. 295-323. **IV 8 C; D 1 d.**

**N. Théodoresco.** Sur l'emploi de relations globales dans quelques problèmes physiques. 325-362. **VI 4 A, B; S 2, T 2.**

**E. P. Lane.** Ernest Julius Wilczynski (in Memoriam). 363-364. **I 1; V 10 a.**

## Archeion. Archivio di Storia della Scienza. 14, 3.

**L. Massignon.** L'arithmologie dans la pensée islamique primitive. 370-371. **I 1; V 4.**

**J. M. Faddegon.** L'état actuel des études concernant les sciences exactes en orient durant le moyen-age. 372-391. **I 1; V 4, 5 b.**

**J. M. Millàs Vallicrosa.** Estudios sobre Azarquiel el tratado de la azafea. 392-419. **I 1; V 4 c.**

## Atti della Reale Accademia Nazionale dei Lincei. Rendiconti. Classe di Scienze fisiche, matematiche e naturali. (6) 17, 1-5.

**F. Severi.** Sulla compatibilità dei sistemi di equazioni algebriche. 3-10. **IV 6 C; D 6 a.**

**C. Carathéodory.** Généralisation d'un théorème d'Euler sur le mouvement brachistochrone. (Da una lettera al T. Levi-Civita.) 10-12. **IV 15, VI 8; J 8, R 6.**

**E. Almansi.** Sulle deformazioni delle piastre elastiche. III, IV. 12-19, 197-203. **VI 4 A; T 2.**

**C. Agostinelli.** Sulle direzioni concorrenti in una varietà $V_n$. 23-30. **V 6 C; O².**

**S. Amante.** Sulla riduzione a forma canonica di una classe speciale di matrici. I. 31-36. **III 2; B 1 a.**

**L. Campedelli.** Intorno ad alcune serie invarianti di gruppi di punti sopra una superficie. 37-40. **IV 6 C; D 6 a.**

**R. L. Gomes.** Opérateurs linéaires. Matrices limitées. 41-45. **IV 7; H 11 c.**

**E. Gugino.** Sul trasporto per parallelismo lungo un circuito chiuso in uno spazio del Weyl. 45-52. **VII 2; T 1 a.**

**M. Kourensky.** L'intégration des équations aux dérivées partielles du 2nd ordre avec 2 fonctions de 2 variables indépendantes. V: Systèmes contenant deux dérivées du second ordre, ou une seule. 52-57. **IV 12; H 9.**

**S. Minetti.** Un teorema generale sulle successioni di funzioni convergenti verso una funzione olomorfa. 58-61. **IV 4; $\overline{\text{D}}$ 3.**

**M. Pastori.** Insiemi tensoriali generati da sistemi assoluti di Pascal-Vitali: relazione con gli insiemi derivati. 61-66. **V 6 C; O².**

**E. Senigaglia.** Completamento di un teorema di A. Hurwitz sulla base del modulo delle forme algebriche passanti per una varietà razionale normale. 66-68. **IV 6 C; D 6 a.**

**D. Bonvicini.** Sulla variazione seconda del potenziale elastico nei solidi isotropi. 69-74. **VI 4 A; T 2.**

**G. Lampariello.** Sulla quadratura che effettua l'integrazione dei sistemi canonici con un grado di libertà. 74-78. **VI 8; R 6.**

**L. Sona.** Rotazioni viscose forzate. 79-82. **VI 4 B; S 2 f.**

**A. Weinstein.** Sur les sillages provoqués par des arcs circulaires. 83-87. **VI 4 B; S 2.**

**F. Zagar.** Sull'aumento di massa di un pianeta per effetto di pulviscolo cosmico. II: Caso generale. 88-93. **VIII 2 B; $\overline{\text{U}}$ 9.**

**F. Enriques.** Intorno alle serie continue composte di involuzioni razionali di gruppi di punti sopra una superficie algebrica. 109-111. **V 5 E; M³.**

**A. Myller.** Le coniche geodetiche. 112-115. **V 6 B; O¹ 5.**

**F. Tricomi.** Determinazione del valore asintotico di un certo integrale. 116-119. **IV 7, 2; H 11 a, D 2.**

**P. Dienes.** Sur le déplacement d'un *n*-uple et sur une interprétation nouvelle des coefficients de rotation de Ricci. 119-122. **V 6 C; O².**

**G. Krall.** Parametri variabili e previsioni asintotiche in qualche problema di meccanica celeste. 123-129. **VIII 2 B; Ū 9.**

**G. Lampariello.** Sulla natura analitica delle soluzioni dei sistemi canonici integrabili per quadrature. 129-135. **VI 8; R 6.**

**G. Vranceanu.** Sopra l'interpretazione geometrica dei sistemi meccanici. 135-140. **V 6 C; O².**

**C. Alessandri.** Sulla velocità apparente di propagazione superficiale dei terremoti in rapporto con la profondità ipocentrale. 141-146. **VIII 1; U 10.**

**C. Dei.** Sulla sensibilità e sull'approssimazione nelle misure del coefficiente di amplificacione dei triodi. 151-160. **VII 1; T 7.**

**G. Eibenschütz.** Sur la nature des forces électrodynamiques. 161-165. **VII 1; T 7.**

**B. Segre.** Intorno alla geometria sopra una varietà algebrica. 207-211. **V 5 F; M⁶.**

**N. Obrechkoff.** Sur les moyennes de Cesàro et Riesz des séries trigonométriques de Fourier. 211-215. **IV 2, 8 D; D 1 b α, 2 a.**

**E. Ciani.** Intorno alle biquintuple di rette. 215-217. **V 5 F; M⁷.**

**G. D. Mattioli.** Teoria della turbolenza. 217-223. **VI 4 B; S 2 c.**

**M. Kiveliovitch.** Le nombre des chocs dans le problème des *n* corps qui s'attirent inversement à une puissance quelconque de la distance. 224-227. **VIII 2 B; Ū 9 a.**

**A. de Mira Fernandes.** Sulla teoria unitaria dello spazio fisico. 227-231. **VII 2; T 1 a.**

**S. Cherubino.** Le trasformazioni pseudo-ordinarie sulle varietà abeliane reali. 257-261. **IV 6 E; G 8.**

**P. Clemente.** Maggiorazione dell'errore nel calcolo col metodo dei minimi quadrati della soluzione periodica di una equazione differenziale, lineare, ordinaria, del secondo ordine. 262-264. **IV 9; H 4.**

**A. Maroni.** Ordine minimo delle serie lineari contenenti parzialmente, senza residuo fisso, una data serie lineare completa di una curva algebrica. 265-267. **V 5 F; M⁷.**

**G. Arrighi.** L'evoluta della superficie dei centri di carena. 267-275. **V 6 B; O¹ 5.**

**S. Martis in Biddau.** Proprietà di un notevole funzionale lineare e calcolo di esso per particolari funzioni analitiche. 276-280. **IV 7; J 4 g.**

**E. Frola.** Su di una rappresentazione geometrica della teoria delle travi inflesse. 287-292. **VI 4 A; T 2.**

**G. D. Mattioli.** Teoria della turbolenza. Conseguenze analitiche e confronto con l'esperienza. II. 293-299. **VI 4 B; S 2 c.**

**C. Tagliacozzo.** Intorno ad un criterio statistico per la stabilità dell' equilibrio elastico nei solidi caricati di punta. 299-304. **VI 4 A; T 2.**

**L. Lombardi.** Su l'adozione del sistema assoluto di unità elettriche di misura. 342-345. **VII 1; T 1.**

**G. Barba.** Sui sistemi differenziali aventi integrali algebrici. 355-361. **IV 9; H 4 j.**

**S. Cherubino.** Qualche proprietà delle trasformazioni pseudo-ordinarie. 362-367. **IV 6 E; G 8.**

**T. Boggio.** Sull'omografia di Riemann relativa ad uno spazio curvo. 368-374. **V 6 C; O².**

**R. L. Gomes.** Encore sur les opérateurs linéaires. 375-377. **IV 7; J 4 g.**

**S. Golab.** Sur une propriété des fonctions harmoniques dans les espaces de Riemann. 377-380. **IV 13, V 6 C; D̄ 4 c α, O².**

**M. Ghermanesco.** Sur les équations aux différences finies. 381-385. **IV 11; H 12 b.**

**G. Racah.** Determinazione del numero dei tensori isotropi independenti di rango *n*. 386-389. **V 7; B 12 g.**

## Atti del Reale Istituto Veneto di Scienze, Lettere ed Arti. 91 (1932), 10.

**G. de Fassi.** Sulle funzioni toroidali e sulla loro tabulazione. 1619-1629. **IV 18; D̄ 4 c.**

### 92, 1-3.

**L. A. Alberti.** Sulle rappresentazione delle densità e contrazioni di miscele liquide binarie. 1-7. **VI 4 B; S 2.**

**D. Graffi.** Sulla teoria matematica della propagazione delle onde radiotelegrafiche. 19-103. **VII 1; T 7.**

**E. Martin.** Su alcuni metodi analitici per il calcolo d'orbita di una binaria visuale. 171-178. **VIII 2 B; Ū 9.**

## Reale Istituto Lombardo di Scienze e Lettere. Rendiconti. (2) 65 (1932), 19-20.

**E. Bianchi.** Barnaba Oriani. 1071-1092. **I 1; V 10 a.**

**O. Chisini.** Sul problema d'inversione. 1133-1143. **V 5 F; $M^6$.**

**A. Signorini.** Sollecitazioni iperstatiche. 1144-1150. **VI 8; R 4.**

## Rendiconti del Circolo Matematico di Palermo. 56 (1932), 2.

**G. Mignosi.** I campi d'integrità finiti di I[a] specie contenenti un corpo. 161-208. **III 5; B 12.**

**M. Ales.** Intorno ai gruppi Jacobiani delle serie lineari. 209-213. **V 5 C; $M^1$ 2.**

**B. Segre.** Determinazione di certi gruppi covarianti di due o più serie lineari. 214-222. **V 5 C; $M^1$ 2.**

**M. de Franchis.** Intorno al significato di alcuni caratteri delle varietà algebriche. 223-227. **V 5 E; $M^2$.**

**A. Bassi.** Sulla riemanniana dell' $S_n$ proiettivo. 228-237. **V 2, 5 F; Q 8, $N^8$ 2.**

**M. de Franchis.** Restituzione di priorità. 238. **V 5 E; $M^2$.**

**C. Miranda.** Approssimazione di una funzione armonica di tre variabili mediante polinomii armonici. 239-244. **IV 18; D̄ 5 i.**

**A. Kawaguchi.** Die Differentialgeometrie in der verallgemeinerten Mannigfaltigkeit. 245-276. **V 6 C; $O^2$.**

**M. Kreines.** Zur Konstruktion der Poincaré-Räume. 277-280. **T 2; Q 8.**

**G. Cimmino.** Sulla curvatura media delle superficie. 281-288. **V 6 B; $O^1$ 5.**

**P. Delens.** Géométrie des congruences de courbes. 289-320. **V 6 B; $N^2$ 8.**

## Rendiconti del Seminario della Facoltà di Scienze della R. Università di Cagliari. 2 (1932), 1-2.

**G. Mignosi.** Il teorema di Fermat-Euler per i campi d'integrità finiti di prima specie. 1-3. **III 5; B 12.**

**Enea Bortolotti.** Invarianti angolari nella metrica bivettoriale. 4-5. **V 6 C; $O^2$.**

**T. Turri.** Omografie reali proiettivamente distinte nel campo reale e non nel campo complesso. 33. **V 5 A; $P^2$ 1.**

**T. Turri.** Correlazioni reali proiettivamente identiche nel campo complesso e non nel campo reale. 34-35. **V 5 A; $P^2$ 2.**

## Japanese Journal of Mathematics. 9 (1932), 3.

**S. Matsumura.** Über Minkowskis gemischten Flächeninhalt. 161-163. **V 6 D; O¹.**

**M. Takami.** Sur la conique osculatrice de la courbe algébrique plane. 165-175. **V 5 C; M¹ 1.**

**Y. Watanabe.** Das Abelsche Limitierungsverfahren bei Integralen. 177-197. **IV 2; D 2 a $\eta$.**

**K. Taketa.** Neuer Beweis eines Satzes von Herrn Furtwängler über die metabelschen Gruppen. 199-218. **III 5; J 4.**

**M. Tsuji.** On analytical transformations of a Reinhardt's domain into itself. 219-226. **IV 4; $\overline{\text{D}}$ 5.**

**K. Yosida.** On the asymptotic property of the differential equation $y'' + H(x)y = f(x, y, y')$. II. 227-230. **IV 9; H 4.**

## Journal of Science of the Hiroshima University A. 3 (1932), 1.

**F. Maeda.** On the space of real set functions. 1-42. **IV 8 C; J 5 f.**

**S. Mori.** Axiomatische Begründung des Multiplikationsringes. 43-59. **III 5; B 12.**

**S. Miyamoto.** A theory of the rate of solution of gas into liquid. II: The rate of solution of gas into liquid containing a reacting substance, and a kinetic derivation of the distribution law. 67-77. **VI 4 B; S 2 ,5.**

## Memoirs of the College of Science. Kyoto Imperial University. A. 15 (1932), 5-6.

**K. Yamashita.** A theory of the vibration of japanese hanging bells. 315-322. **VI 4 A; T 2.**

**K. Kitagawa.** Sur la propagation des ondes de dilatation dans la mer. 327-340. **VIII 1, VI 4 A; U 10, T 2 c.**

## The Science Reports of the Tôhoku Imperial University. (1) 21 (1932), 3-5.

**K. Honda.** On the Weiss molecular field. 332-343. **VII 1; T 6.**

**T. Takasu.** Differentialkugelgeometrie. III. 594-725. **V 6 B; O¹, P¹.**

**K. Honda, T. Nishina, T. Hirone.** A theory of the change of electric resistance in metals caused by hydrostatic pressure. 851-868. **VII 8; T 1 c.**

## The Tôhoku Mathematical Journal. 36, 2.

**S. Matsumura.** Über einen affingeometrischen Satz und die Deviation ebener Kurven. 189-191. **V 6 A; O¹ 2.**

**S. Matsumura.** Über konvex-geschlossene Flächen. 192-195. **V 6 D; O¹ 5.**

**R. D. Misra.** On the expansion of $\Theta_n(h)$ in Lagrange's remainder. 196-205. **IV 3 A; C 1.**

**W. D. Baten.** Sampling from many parent populations. 206-222. **IV 16; J 2 d.**

**B. N. Prasad.** Note on the summability of the conjugate series of a Fourier series. 223-224. **IV 3 D; D 1 b $\alpha$.**

**R. Woods, C. H. Fischer.** Some curves derived from two curves. 225-229. **V 5 C; M¹ 1.**

**J. Shohat.** A simple proof of a formula of Tchebycheff. 230-235. **IV 6 A; D 1.**

**P. Hebrony.** On relations between the reciprocal resolvents of certain kernels. 236-240. **IV 7; H 11 c.**

**B. Su.** On a certain class of surfaces whose Darboux curves of one system are conics. 241-252. V 6 B; $O^1$ 5.

**J. Hirakawa.** Some theorems on the orthopole. 253-256. V 8; $K^1$ 2.

**S. Matsumura.** Über zwei Flächen, welche eine Beziehung haben. VI. 257-259. V 6 B; $O^1$ 6.

**S. Matsumura.** Über die Axiomatik von Mittelbildungen. 260-262. IV 1; H 11.

**D. P. Misra.** The algebraic roots of an algebraic equation. 263-268. III 8; A 3.

**F. Underwood.** An integral condition associated with linear differential equations having simply-periodic coefficients. 269-274. IV 9; H 4.

**F. Underwood.** A classification of certain ordinary differential equations having simply-periodic coefficients. 275-282. IV 9; H 4.

**F. Underwood.** Systems of linear differential equations having one or more integrals in common. 283-302. IV 9; H 4 j.

**W. G. Warnock.** On the geometry of groups of line configurations. 303-319. V 5 A; $P^1$.

**S. D. Jervis.** Some properties of the affine normal. 320-323. V 6 A; $O^1$ 2.

**C. Hewitt Dix.** Lattice regions and their applications in dynamics. 324-345. IV 11, 13, 15, VI 8; H 12, 10, J 3, R 6.

**T. Hayashi.** On the rectification, quadrature and cubature in the old Japanese mathematics. (Japanisch.) 346-394. I 1; V 4 b.

**T. Hayashi.** A theorem due to Rimei Ôhara. II. (Japanisch.) 395-397. I 1; V 4 b.

## Christiaan Huygens. 11; 1-2 (1932), 3 (1933).

**F. Schuh.** Lichaam op een ruw hellend vlak en verwante vraagstukken. Vervolg. 1-85. VI 8; R 9 a.

**F. Schuh.** Het schriftelijk examen wiskunde KV, 1932. Differentiaalrekening. 150-160. I 3; V 1 a.

## Euclides. 9, 3.

**D. J. Kruytbosch.** De bewijsmethode der volledige inductie. 95-101. I 3; V 1 a.

**D. van Dantzig.** Over de elementen van het wiskundig denken. 102-116. I 2; V 1 b.

**B. P. Haalmeyer.** Eenige opmerkingen naar aanleiding van een artikel van den heer Beth. 117-119. I 3; V 1 a.

**M. J. de Lange.** Meetkundig bewijs van een stelling betreffende de zwaartelijn. 120-122. V 3; V 1 a.

**J. H. Schogt.** Een paar moeilijke algebra-vraagstukken. 123-128. I 3; V 1 a ε.

**P. Wijdenes.** De vergelijking $a \cos \varphi + b \sin \varphi = c$. 129-132. I 3; V 1 a.

**J. C. H. Gerretsen.** Over een elementaire afleiding van de wet van Newton uit de wetten van Kepler. 133-138. I 3, VIII 2 A; V 1 a, U.

## Koninklijke Akademie van Wetenschappen te Amsterdam. Proceedings. 36, 1-3.

**H. A. Kramers.** Propriétés paramagnétiques de cristaux de terres rares. II. 17-26. VII 3; T 1 c.

**J. de Vries.** Eine Abbildung der Kugeln des Raumes auf den Strahlenraum. 27. V 1; $P^1$ 6 d.

**R. Weitzenböck.** Über die Eigenvektoren und Eigenräume einer Matrix. 28-32. III 2, V 7; B 1 a, 12 g $\gamma$.

**W. van der Woude.** Über eine algebraische Aufgabe bei der Reduktion von Abelschen Integralen auftretend. II. 32-40. III 4, IV 6 E; B 4, G 1.

**W. van der Woude, J. Haantjes.** Über das bewegende Achsensystem im affinen Raum. Ableitung der Grundformeln der Flächentheorie. 41-51. **V 6 B; O¹ 5.**

**E. A. Weiss.** Die projektiven Invarianten von vier Ebenen im $R_5$. 74-75. **V 6 C; O².**

**J. de Vries.** Eine Abbildung der Kreise des Raumes auf die Kreispaare einer Ebene. 173-174. **V 1; P¹ 6.**

**L. S. Ornstein, W. R. van Wijk.** Das Entstehen einer kanonischen Gesamtheit. 272-275. **VI 3; R 6, 10.**

**J. M. Burgers.** On the application of statistical mechanics to the theory of turbulent fluid motion. IV. 276-284. **VI 3, 4 B; R 10, S 2 c.**

**S. Bergmann.** Über eine in der Theorie der Funktionen von zwei komplexen Veränderlichen auftretende unitäre Geometrie. 307-313. **IV 4, V 6 C; D̄ 5, O².**

## Fundamenta Mathematicae. 20.

**A. Lindenbaum.** Sur les ensembles dans lesquels toutes les équations d'une famille donnée ont un nombre de solutions fixé d'avance. 1-29. **II; J 5.**

**G. Nöbeling.** Reguläre Kurven als Bilder der Kreislinie. 30-46. **V 2; J 5 d.**

**S. Mazurkiewicz.** Über die dimensionellen Komponenten. 47-51. **V 2; J 5 d.**

**S. Mazurkiewicz.** Sur le type *c* de l'hyperespace d'un continu. 52-53. **V 2; J 5 d.**

**L. Kantorovitch, E. Livenson.** Memoir on the analytical operations and projective sets. II. 54-97. **II; J 5.**

**S. Mazurkiewicz.** Ein Satz über dimensionelle Komponenten. 98-99. **V 2; J 5 d.**

**F. Hausdorff.** Zur Projektivität der $\delta s$-Funktionen. 100-104. **II; J 5.**

**A. Marchaud.** Sur une condition de quasi-rectificabilité. 105-116. **V 2; J 5 d.**

**B. Aitchison.** Concerning regular accessibility. 117-125. **V 2; J 5 d.**

**W. Sierpiński.** Sur l'ensemble de valeurs d'une fonction mesurable à valeurs distinctes. 126-130. **IV 3 C; J 5 c.**

**G. T. Whyburn.** Concerning *S*-regions in locally connected continua. 131-139. **V 2; J 5 d.**

**P. Alexandroff.** Über die Urysohnschen Konstanten. 140-150. **V 2; J 5 d.**

**W. Hurewicz.** Über Schnitte in topologischen Räumen. 151-162. **V 2; J 5 d.**

**W. Sierpiński.** Sur une certaine suite infinie de fonctions d'une variable réelle. 163-165. **II, IV 3 C; J 5 c.**

**S. Braun.** Quelques théorèmes sur les cribles boreliens. 166-172. **IV 3 C, V 2; J 5 c.**

**W. Sierpiński.** Sur la superposition des fonctions de Baire. 173-176. **IV 3 C; J 5 c.**

**K. Borsuk.** Drei Sätze über die *n*-dimensionale euklidische Sphäre. 177-190. **V 2; J 5 d.**

**C. Kuratowski.** Sur un théorème fondamental concernant le nerf d'un système d'ensembles. 191-196. **V 2; J 5 d.**

**L. Zippin.** On continuous curves irreducible about subsets. 197-205. **V 2; J 5 d.**

**C. Kuratowski.** Sur les transformations des sphères en des surfaces sphèriques. 206-213. **V 2; J 5 d.**

**W. Sierpiński.** Sur un théorème de recouvrement dans la théorie générale des ensembles. 214-220. **II; J 5.**

**S. Ulam.** Über gewisse Zerlegungen von Mengen. 221-223. **II; J 5.**

**K. Borsuk.** Über die Abbildungen der metrischen kompakten Räume auf die Kreislinie. 224-231. **V 2; J 5 d.**

**E. Čech.** Sur les continus Péaniens unicohérents. 232-243. **V 2; J 5 d.**

**C. Kuratowski, S. Ulam.** Sur un coefficient lié aux transformations continues d'ensembles. 244-253. **V 2; J 5 d.**

**Th. Skolem.** Ein kombinatorischer Satz mit Anwendung auf ein logisches Entscheidungsproblem. 254-261. **III 2, I 2; J 1, V 1 b.**

**S. Bochner.** Integration von Funktionen, deren Werte die Elemente eines Vektorraumes sind. 262-276. **IV 8 C, 4; J 5 c.**

**S. Bochner.** Eine Bemerkung zum Satz von Fubini. 277-280. **IV 8 C; J 5 c.**

**S. Mazurkiewicz.** Über nicht plättbare Kurven. 281-284. **V 2; J 5 d.**

## Recueil mathématique. Moscou. 39 (1932), 3.

**G. Goldowsky.** Quelques propriétés des dérivées exactes. 3-5. **IV 8 C; D 1 a.**

**N. Lusin.** Sur l'étude qualitative de l'équation du mouvement d'un train. (Russisch, französ. Auszug.) 6-26. **IV 9; H 2.**

**A. Khintchine.** Zur additiven Zahlentheorie 27-34. **III 6; I 11.**

**A. Khintchine.** Über eine Ungleichung. 35-39. **III 2, IV 15; B 1 a, J 8.**

**A. Khintchine.** Sur les classes d'évènements équivalents. 40-43. **IV 16; J 2.**

**G. Lorentz.** Über lineare Summierungsverfahren. 44-51. **IV 2; D 2 a $\eta$.**

**N. Artemieff.** Die Anwendung des Störungsverfahrens zur Berechnung der Eigenwerte bei Deformation des Randes. 52-66. **IV 18; $\overline{\mathrm{D}}$ 4 c $\alpha$.**

**A. Kulakoff, S. Tschunichin.** Über die Untergruppen von zusammengesetzter Ordnung einer endlichen Gruppe. (Russisch, deutscher Auszug.) 67-70. **III 5; J 4 d.**

**B. Davison.** On the uniform convergence of the trigonometrical series. 71-87. **IV 8 D; D 2 b $\beta$.**

**S. G. Michlin.** Sur la convergence uniforme des séries de fonctions analytiques. (Russisch, französ. Auszug.) 88-96. **IV 4; $\overline{\mathrm{D}}$ 8 m.**

**S. Lefschetz.** Invariance absolue et invariance relative en géométrie algébrique. 97-103. **V 5 F, 2; $\mathrm{M}^6$, Q 8.**

**E. J. Gumbel.** Ein Maß der Güte für die Sterbetafel. 104-114, 152. **IV 16; J 2 d.**

**A. Khintchine.** Remarques sur les suites d'évènements obéissant à la loi des grands nombres. 115-119. **IV 16; J 2 b.**

**D. Morduchai-Boltowskoi.** Über eine von einer beliebigen algebraischen Kurve getroffene punkthafte Menge. (Russisch, deutscher Auszug.) 120-128. **II, V 5 C; J 5 b, $\mathrm{M}^1$.**

**E. J. Gumbel.** La distribution de Gauss pour les décès. 129-152. **IV 16; J 2 d.**

## Acta Mathematica. 60, 1-2.

**G. D. Birkhoff, W. J. Trjitzinsky.** Analytic theory of singular difference equations. 1-89. **IV 11; H 12.**

**T. Carleman.** Sur la théorie de l'équation intégrodifférentielle de Boltzmann. 91-146. **IV 7, H 11 c $\gamma$.**

**H. Seifert.** Topologie dreidimensionaler gefaserter Räume. 147-238. **V 2; Q 8.**

## American Journal of Mathematics. 55, 2.

**D. Jackson.** Problems of approximation with integral auxiliary conditions. 153-166. **IV 8 C; D 1 a.**

**E. S. Sokolnikoff.** Matrices conjugate to a given matrix with respect to its minimum equation. 167-180. **III 2; B 1 a.**

**O. W. Albert.** Relations between the projective and metric differential geometries of surfaces. 181-196. **V 6 C; $\mathrm{O}^2$.**

**E. W. Chittenden, S. Robinson.** On the reducibility of families of subsets and related properties. 197-206. **V 2, II; J 5 b, d.**

**L. Zippin.** A characterisation of the closed 2-cell. 207-217. **V 2; Q 3.**

**J. Shohat (J. Chokhate).** On the continued fractions associated with, and corresponding to, the integral $\int_a^b \frac{p(y)}{x-y}\,dy$. 218-230. **IV 11; D 2 f.**

**H. Whitney.** A set of topological invariants for graphs. 231-235. **V 2; Q 3.**

**H. Whitney.** On the classification of graphs. 236-244. **V 2; Q 3.**

**H. Whitney.** 2-isomorphic graphs. 245-254. **V 2; Q 3.**

**E. R. van Kampen.** On the fundamental group of an algebraic curve. 255-260. **V 2, 5 C; Q 3, M¹ 1.**

**E. R. van Kampen.** On the connection between the fundamental groups of some related spaces. 261-267. **V 2, 5 C; Q 3, M¹ 1.**

**E. R. van Kampen.** On some lemmas in the theory of groups. 268-273. **III 5; J 4.**

**A. A. Albert.** The integers represented by sets of ternary quadratic forms. 274-292. **III 6; I 17.**

**A. E. Ross.** On representation of integers by indefinite ternary quadratic forms of quadratfrei determinant. 293-302. **III 6; I 17.**

**G. B. Price.** On the Strömgren-Wintner natural termination principle. 303-308. **VI 3, VIII 2 B; Ū 9 a.**

## Annals of Mathematics. (2) 34, 1.

**T. Y. Thomas, E. W. Titt.** Systems of partial differential equations and their characteristic surfaces. 1-80. **IV 12, VII 2; H 7, T 1 a.**

**H. L. Dorwart, O. Ore.** Criteria for the irreducibility of polynomials. 81-94. **III 3; A 3.**

**L. Zippin.** Independent arcs of a continuous curve. 95-113. **V 2; J 5 d.**

**S. Saks.** On the surfaces without tangent planes. 114-124. **IV 3 C; J 5 c.**

**L. W. Cohen.** On the minors of absolutely convergent determinants. 125-129. **III 2, IV 7; B 1, H 11 c.**

**J. Shohat.** On interpolation. 130-146. **IV 6 A; D 6.**

**A. Haar.** Der Maßbegriff in der Theorie der kontinuierlichen Gruppen. 147-169. **IV 8; J 4 f.**

**J. v. Neumann.** Die Einführung analytischer Parameter in topologischen Gruppen. 170-190. **IV 8, V 2; J 4 f, 5 d.**

## Bulletin of the American Mathematical Society. 39, 1-3.

**E. P. Lane.** Ernest Julius Wilczynski. In Memoriam. 7-14. **I 1; V 10 a.**

**R. C. Tolman.** Thermodynamics and relativity. 49-74. **VII 2; T 1 a.**

**E. R. Hedrick.** Non-analytic functions of a complex variable. 75-96. **IV 4; D 6.**

**G. T. Whyburn.** Sets of local separating points of a continuum. 97-100. **V 2; J 5 d.**

**L. M. Graves.** On the existence of the absolute minimum in problems of Lagrange. 101-104. **IV 15; J 3.**

**D. H. Lehmer.** Some new factorizations of $2^n \pm 1$. 105-108. **III 6; I 9.**

**J. Williamson.** Matrices whose $s$-th compounds are equal. 108-111. **III 2; B 1 a.**

**B. A. Bernstein.** Remarks on propositions *1.1 and *3.35 of Principia Mathematica. 111-114. **I 2; V 1 b.**

**C. G. Latimer.** On the class numbers of a cyclic field and a sub-field. 115-118. **III 5; B 12.**

**H. Bateman.** Some applications of Murphy's theorem. 118-123. **IV 4; D̄ 3.**

**S. Lefschetz.** On singular chains and cycles. 124-129. **V 2; Q 3.**
**A. T. Craig.** Variables correlated in sequence. 129-136. **IV 16; J 2 e ε.**
**R. Garver.** Error expressions for certain continued fractions. 137-141. **IV 1; I 23.**
**L. E. Bush.** On Young's definition of an algebra. 142-148. **III 5; B 12.**
**J. M. Clarkson.** Some involutorial line transformations. 149-154. **V 5 A; $P^1$ 4, $P^2$ 4.**
**L. Carlitz.** On a theorem of higher reciprocity. 155-160. **III 5; B 12.**
**G. D. Birkhoff.** The mathematical work of Oliver Dimon Kellogg. 171-177. **I 1; V 10 a.**

## Proceedings of the National Academy of Sciences of the United States of America. 19, 3-4.

**G. A. Miller.** Groups in which either all the operators or all the subgroups of the same order are conjugate. 332-335. **III 5; J 4.**
**D. Alter.** An extremely simple method of periodogram analysis. 335-339. **IV 16; J 2 e.**
**G. D. Birkhoff.** Some remarks concerning Schrödinger's wave equation. 339-344. **VII 8; T 1 c.**
**G. A. Hedlund.** On the measure of the non-special geodesics on a surface of constant curvature. 345-348. **V 1; Q 1.**
**S. Wright.** Inbreeding and homozygosis. 411-420. **IV 16; J 2 e.**
**S. Wright.** Inbreeding and recombination. 420-433. **IV 16; J 2 e.**
**J. Douglas.** An analytic closed space curve which bounds no orientable surface of finite area. 448-451. **V 6 B; $O^1$ 5.**
**J. M. Thomas.** Regular differential systems of the first order. 451-453. **IV 12; H 8.**
**W. Seidel.** Note on a metrically transitive system. 453-456. **IV 3 C, 7; D 1, J 4 g.**
**G. C. Evans.** Application of Poincaré's sweeping-out process. 457-461. **IV 13; H 10 d α.**
**O. Veblen.** Geometry of two-component spinors. 462-474. **V 7; B 12 g.**
**G. D. Birkhoff.** Some remarks concerning Schrödinger's wave equation. A correction. 475. **VII 8; T 1 c.**

## Science. (2) 76 (1932), 1974-1983.

**G. Strömberg.** Space structure and motion. 477-481, 504-508. **VII 2, VIII 2 C; T 1 a, U 11.**
**E. B. Wilson.** A correlation curiosity. 515-516. **IV 16; J 2 e ε.**

## The Journal of the Franklin Institute. 213 (1932), 5-6.

**R. Gunn.** On the evolutionary origin of the solar system. 639-659. **VIII 2 C; U 11.**
**R. Sparks.** The Hatchet planimeter. 661-667. **IV 17; X 6.**

## 214 (1932).

**R. C. Colwell.** The vibrations of rods and plates. 199-213. **VI 4 A; T 2.**
**I. Langmuir.** Electric discharge in gases at low pressures. 275-298. **VII 8; T 1 c.**
**P. L. Tea.** Elementary theory of the gyroscope. 299-325. **VI 8; R 8 c β.**
**W. F. G. Swann.** An electron orbit in the magnetic equatorial plane of the earth. 465-471. **VII 8; T 1 c.**

## The Physical Review. (2) 43, 1-8.

**L. A. Young, N. E. Bradbury.** Photoelectric currents in gases between parallel plate electrodes. 34-37. **VII 8; T 1 c.**

**H. Margenau.** Pressure broadening of spectral limes. II. 129-134. **VII 8; T 8 f.**

**C. Kaplan.** On some applications of the absolute differential calculus to physics. 137-142. **VII 1, V 6 C; T 7, $O^2$.**

**G. Lemaitre.** The uncertainty of the electromagnetic field of a particle. 148. **VII 8; T 1 c.**

**D. R. Inglis, N. Ginsburg.** Atomic energy levels and Zeeman effect. 194-196. **VII 8; T 1 c.**

**S. L. Gerhard, D. M. Dennison.** The envelopes of infrared absorption bands. 197-204. **VII 8; T 8 f.**

**V. Rojansky.** On a relativistic particle with a *q*-number charge. 207. **VII 2, 8; T 1 a, c.**

**E. Wigner.** On the mass defect of helium. 252-257. **VII 8; T 1 c.**

**R. F. Bacher.** The interaction of configurations: $sd - p^2$. 264-269. **VII 8; T 1 c.**

**R. S. Mulliken.** Electronic structures of polyatomic molecules and valence. IV: Electronic states, quantum theory of the double. 279-302. **VII 8; T 1 c.**

**E. L. Hill.** Perturbation theory and electron scattering. 303-304. **VII 8; T 8 f.**

**J. P. Vinti, P. M. Morse.** Variable scale atomic wave functions. 337-340. **VII 8; T 1 c.**

**H. Bateman.** Schroedinger's rule and hydrodynamics. 363. **VI 4 A, B; T 2, S 2.**

**H. Bateman.** Variational principles in electromagnetism. 481-484. **VII 1; T 7.**

**O. Halpern.** On the statistical foundation of Debye's theory of electrolytes. 495. **VII 8; T 1 c.**

**O. Laporte.** Note on Kowalewski's top in quantum mechanics. 548-551. **VII 8; T 1 c.**

**E. A. Uehling, G. E. Uhlenbeck.** Transport phenomena in Einstein-Bose and Fermi-Dirac gases. I. 552-561. **VII 8; T 1 c.**

**R. C. Tolman.** On the interpretation of heat in relativistic thermodynamics. 564-568. **VII 1, 2; S 4, T 1 a.**

**B. Hoffmanns.** Projective relativity and the Einstein-Mayer unified field theory. 615-619. **VII 2; T 1 a.**

## Transactions of the American Mathematical Society. 35, 2.

**V. Snyder.** On a series of involutorial Cremona transformations of space defined by a pencil of ruled surfaces. 341-347. **V 5 A; $P^1$ 4 c.**

**R. E. A. C. Paley, N. Wiener.** Notes on the theory and application of Fourier transforms. I, II. 348-355. **IV 7, 8 D; J 4 g, D 1 b $\alpha$.**

**J. M. Thomas.** Pfaffian systems of species one. 356-371. **IV 12; H 8.**

**A. Sinkov.** Families of groups generated by two operators of the same order. 372-385. **III 5; J 4.**

**H. R. Brahana.** Groups $\{S, T\}$ whose commutator subgroups are abelian. 386-396. **III 5; J 4 d $\beta$.**

**L. Carlitz.** On the representation of a polynomial in a Galois field as the sum of an even number of squares. 397-410. **III 5; B 12.**

**C. G. Latimer.** On the class number of a cyclic field. 411-417. **III 7; I 22 d.**

**J. L. Doob.** The boundary values of analytic functions. II. 418-451. **IV 4; $\overline{D}$ 8.**

**I. J. Schoenberg.** On finite-rowed systems of linear inequalities in infinitely many variables. II. 452-478. **IV 7; H 11.**

**M. R. Hestenes.** Sufficient conditions for the general problem of Mayer with variable end points. 479-490. **IV 15; J 8.**

**G. Pall.** The structure of the number of representations function in a binary quadratic form. 491-509. **III 6; I 17.**

**S. Lefschetz, J. H. C. Whitehead.** On analytical complexes. 510-517. **V 2, 5 F; Q 8, $M^6$, $M^7$.**

**R. C. Bullock.** Non-conjugate osculating quadrics of a curve on a surface. 518-531. **V 6 B; $O^1$ 5.**

**R. P. Agnew.** On Riesz and Cesàro methods of summability. 532-548. **IV 2; D 2 a η.**
**S. Saks.** On some functionals. 549-556. **IV 7; J 4 g.**
**E. V. Huntington.** Boolean algebra. A correction. 557-558. **I 2; V 1 b β.**

## B. Niet-periodieke Publicaties.
## Nichtperiodische Veröffentlichungen.

**L. Bieberbach.** Einleitung in die höhere Geometrie. VIII + 128 S. 25 Abb. Leipzig, B. G. Teubner. **V 1, 5 A; V 1 a κ.**

**N. Bogoliouboff.** Les méthodes directes dans le calcul des variations. 111 p. Charkow-Kiew, Techn. Staatsverlag, 1932. **IV 15; J 3.**

**G. Bouter.** Orthogonale comitanten van een ternairen cubischen vorm. XII + 121 + III blz. Acad. Proefschrift Amsterdam. Amsterdam, H. J. Paris, 1932. **III 4; B 4.**

**W. Breidenbach.** Die Dreiteilung des Winkels. IV + 38 S. 43 Abb. Leipzig, B. G. Teubner. **V 3; K[1] 21 b.**

**E. R. Caley.** Analytical factors and their logarithms. London, Chapman & Hall, 1932. **IV 17; V 1 a λ.**

**E. Cartan.** Le parallélisme absolu et la théorie unitaire du champ. 21 p. Paris, Hermann, 1932. **VII 2; T 1 a.**

**Contributions to the calculus of variations 1931-1932.** Theses submitted to the departement of mathematics of the University of Chicago. X + 523 p. Chicago, The University of Chicago Press. **IV 15; J 3.**

**C. E. Dieulefait.** La teoría de la población en relación con sus grupos sociales componentes. 23 p. Roma, Istituto poligráfico dello Stato, 1932. **IV 16; J 2 g.**

**E. J. Dijksterhuis.** Descartes als wiskundige. Openbare les, gegeven bij de aanvaarding van het ambt van privaat-docent in der geschiedenis der wiskunde aan de rijsuniversiteit Leiden. 22 blz. Groningen, P. Noordhoff, 1932. **I 1; V 7.**

**F.-J. Duarte.** Nouvelles tables logarithmiques à 36 décimales. XXVIII + 128 p. Paris, Gauthier-Villars. **IV 17; X 2.**

**J. Dubourdieu.** Mathématiques financières. Préface de *H. Galbrun.* 217 p. 9 fig. Paris, A. Colin, 1932. **IV 16; J 2 g.**

**H. Galbrun.** Théorie mathématique de l'assurance invalidité et de l'assurance nuptialité. Définitions et relations fondamentales. 156 p. Paris, Gauthier-Villars-(Traité du calcul des probabilités et de ses applications t. III, 4.) **IV 16; J 2 d.**

**G. Galilei.** Le opere. 630 p. 4 fig. Firenze, G. Barbèra, 1932. **I 1; V 6, 7.**

**A. Glathe.** Die chinesichen Zahlen. IV + 47 S. 15 Tafeln, 3 Abb. Tokyo, Deutsche Gesellschaft für Natur- und Völkerkunde, 1932. **I 1; V 4 b.**

**Th. Got.** Propriétés générales des groupes discontinus. 62 p. Paris, Gauthier-Villars (Mémorial des Sciences mathématiques fasc. 60). **III 5; J 4 e.**

**A. Gottschalk.** Der Aufbau der höheren Geometrie und der Arbeitsunterricht. Mit einem Anhang: Geometrie und Pleurometrie. 58 S. 19 Abb. auf 3 Tafeln. Siegen, Vorländer. **I 3; V 1 a.**

**H. Hasse.** Klassenkörpertheorie. Ausarbeitung einer Vorlesung vom Sommersemester 1932 und eines Teiles der Fortsetzung vom Wintersemester 1932/33 an der Universität Marburg von *W. Franz* unter Mitwirkung von *L. Elsner* und *W. Kirsten.* 229 + XIII S. Marburg, Verf. **III 5; B 12.**

**H. Hasse.** Höhere Algebra. I: Lineare Gleichungen. 2. Aufl. 152 S. Berlin, W. de Gruyter & Co. **III 3; V 1 a ε.**

**R. Haussner, W. Haack.** Darstellende Geometrie. IV: Freie und gebundene Perspektive, Photogrammetrie, kotierte Projektion. 144 S. 76 Abb. Berlin, W. de Gruyter & Co. **V 4; K¹ 22, 23.**

**K. Hayashi.** Tafeln für die Differenzenrechnung sowie für die Hyperbel-, Besselschen, elliptischen und anderen Funktionen. VI + 66 S. Berlin, J. Springer. **IV 17; X 2.**

**L. Hopf.** Einführung in die Differentialgleichungen der Physik. 138 S. 49 Abb. Berlin, W. de Gruyter & Co. **IV 9, 12; V 1 a λ.**

**Chr. Huygens.** Œuvres. Publiées par la Société Hollandaise des Sciences. T. 17: L'Horloge à pendule de 1651 à 1666; Travaux divers de physique, de mécanique et de technique de 1650 à 1666. Traité des couronnes et des parhélies (1662 ou 1663). IV + 551 p. 7 plates. La Haye, M. Nijhoff, 1932. **I 1; V 7.**

**E. L. Ince.** Principles of descriptive geometry. VIII + 152 p. London, E. Arnold. **V 4; K¹ 22, 23.**

**G. Julia.** Exercices d'analyse. III: Equations différentielles. Rédigés par *J. Leray, R. Meynieux, R. Harmegnies.* IV + 287 p. Paris, Gauthier-Villars. **IV 9; V 1 a λ.**

**G. Julia.** Essai sur le développement de la théorie des fonctions de variables complexes. VIII + 53 p. Paris, Gauthier-Villars. **IV 4; D̄ 3.**

**N. Juringius.** Recherches sur les fonctions symétriques. 80 p. Lund, Impr. Håkan Ohlsson, 1932. **III 3; A 3.**

**G. Kowalewski.** Lehrbuch der höheren Mathematik für Universitäten und Techn. Hochschulen. Bd. I, II. I: Vektorrechnung und analytische Geometrie. IV + 210 S. 67 Abb. II: Hauptpunkte der analytischen Geometrie des Raumes. Grundbegriffe der Differential- und Integralrechnung. IV + 240 S. 18 Abb. Bearbeitet nach Vorlesungen. Berlin, W. de Gruyter & Co. **V 5 A, IV 1; V 1 a ι, λ.**

**P. Langevin.** La relativité, conclusion générale. 17 p. Paris, Hermann, 1932. **VII 2; T 1 a.**

**J. Lemoine, A. Blanc.** Traité de physique générale et expérimentale. III: Electricité générale. 799 p. Paris, L. Eyrolles. **VII 1; V 1 a ν.**

**W. Lietzmann, J. Jarosch.** Geometrie. Sphärische Trigonometrie und analytische Geometrie der Ebene für die VII. und VIII. Klasse der Realschulen. Unter Benutzung von Lietzmann-Zühlke: Aufgabensammlung und Leitfaden der Geometrie. 2. Aufl. 112 S. Wien, F. Deutike. **I 3; V 1 a ϑ, ι.**

**P. Montel.** Leçons sur les fonctions univalentes ou multivalentes. Recueillies et rédigées par *F. Marty.* Avec une note de *H. Cartan.* IV + 159 p. Paris, Gauthier-Villars. **IV 4; V 1 a λ.**

**E. Néculcéa.** Sur la théorie du rayonnement d'après C. G. Darwin. 24 p. Paris, Hermann. **VII 3; T 3 f.**

**P. Neményi.** Wasserbauliche Strömungslehre. VIII + 275 S. 324 Fig. Leipzig, J. A. Barth. **VI 4 B; S 2.**

**K. Ogura.** History of the mathematical education. (Japanisch.) I. 370 p. Tokyo, 1932. **I 1; V 2.**

**S. L. van Oss.** Aanschouwing en niet-euklidische meetkunde. Openbare les Privaatdocent Leiden. 18 blz. Leiden, S. C. v. Doesburgh, 1932. **V 1; Q 1 a.**

**J. Perrin.** La recherche scientifique. 24 p. Paris, Hermann. **VII 8; T 1 c.**

**O. Perron.** Algebra. II: Theorie der algebraischen Gleichungen. 2. Aufl. VIII + 261 S. Berlin, W. de Gruyter & Co. **III 3; V 1 a ε.**

**H. B. Phillips.** Vector analysis. VIII + 236 p. New York, J. Wiley & Sons; London, Chapman & Hall. **V 7; V 1 a ι.**

**K. Pilizotti.** Lösungen zu den Aufgaben der analytischen Geometrie der Ebene von W. Lietzmann, J. Jarosch. VII. und VIII. Klasse der Gymnasien, Realgymnasien und Frauenoberschulen. 35 S. 25 Abb. Wien, F. Deuticke. **I 3; V 1 a ι.**

**M. Planck.** General mechanics. Translated by *H. L. Brose.* IX + 272 p. London, Macmillan & Co. **VI 1; V 1 a ν.**

**G. Prasad.** Some mathematicians of the nineteenth century: their lives and their works. I. 345 p. Benares, The Mahamandal Press. **I 1; V 9.**

**G. Prasad.** Spherical harmonics and the functions of Bessel and Lamé. II. XIII + 248 p. Benares, 1932. **IV 6 B; D 6.**

**H. Rademacher, O. Toeplitz.** Von Zahlen und Figuren. 2. Aufl. VIII + 173 S. 129 Abb. Berlin, J. Springer. **I 8; V 1 a.**

**A. Rehm, K. Vogel.** Exakte Wissenschaften. 78 S. Leipzig, B. G. Teubner (Einleitung in die Altertumswissenschaft II, 5). **I 1; V 3.**

**H. Reichenbach.** La philosophie scientifique, vues nouvelles sur ses buts et ses méthodes. Traduit de *E. Vouillemin.* Introduction de *M. Boll.* 43 p. Paris, Hermann, 1932. **I 2; V 1 f.**

**E. Schrödinger.** Mémoires sur la mécanique ondulatoire. Traduit par *A. Proca.* Préface de *M. Brillouin.* Avec un avant-propos de l'auteur et des notes inédites spécialement écrites pour cette traduction. XXVI + 238 p. 14 fig. Paris, F. Alcan. **VII 8; T 1 c.**

**H. B. Smith.** Symbolic logic. Problem and method. 31 p. Ann Arbor, Michigan, Edwards Brothers, 1932. **I 2; V 1 b $\beta$.**

**R. Stiegler.** Die Kegelschnitte in organischer Darstellung für die Prima der höheren Schulen. VIII + 133 S. Stuttgart, W. Kohlhammer. **I 8; V 1 a $\iota$.**

**E. Strömgren, B. Strömgren.** Lehrbuch der Astronomie. VIII + 555 S. 186 Abb. Berlin, J. Springer. **VIII 2 A; V 1 a $\xi$.**

**P. Swings.** Les bandes moléculaires dans les spectres stellaires. 29 p. Paris, Hermann, 1932. **VIII 2 C; U 11.**

**The Yearbook of the Universities of the Empire, 1933.** Edited by *H. F. Heath.* Published for the Universities Bureau of the British Empire. XXXI + 975 p. London, G. Bell & Sons. **I 1; V 1 a $\alpha$.**

**I. Todhunter.** The elements of Euclid, Books I-VI and XI and XII. XIX + 298 p. London, J. M. Dent & Sons. **I 1; V 3 b.**

**J. Tropfke.** Geschichte der Elementarmathematik in systematischer Darstellung mit besonderer Berücksichtigung der Fachwörter. II: Allgemeine Arithmetik. 3. Aufl. 266 S. Berlin, W. de Gruyter & Co. **I 1; V 2.**

**J. Villey.** Introduction à l'étude de la résistance des matériaux. Préface de *M. A. Caquot.* 76 p. Paris, Gauthier-Villars (Mémorial des Sciences physiques fasc. 21), 1932. **VI 4 A; V 1 a $\mu$.**

**K. Vogtherr.** Das Problem der Gleichzeitigkeit. 196 S. München, E. Reinhardt. **VII 2; T 1 a.**

**J. Vojtěch.** Projektive Geometrie. Synthetische und analytische Untersuchung der projektiven Verwandtschaften und Gebilde. (Tschechisch.) X + 880 S. 85 Abb. Prag, Jednota čsl. mat. a fys., 1932. **V 5 A; V 1 a $\varkappa$.**

**V. Volterra.** Le calcul des variations, son évolution et son progrès, son rôle dans la physique mathématique. 54 p. Praha, Brno; Facultés des Sciences, Université Charles et Université Masaryk, 1932. **IV 15; J 3.**

**H. Westergaard.** Contributions to the history of statistics. 280 p. London, P. S. King & Son, 1932. **I 1, IV 16; V 2, J 2 d.**

**W. H. Westphal.** Physik. Ein Lehrbuch für Studierende an den Universitäten und technischen Hochschulen. 3. Aufl. XVI + 596 S. Berlin, I. Springer. **VII 1; V 1 a $\nu$.**

**U. H. van Wijk.** Meervoudig verwante vlakke figuren. Acad. Proefschrift Amsterdam. VIII + 53 + IV blz. 12 fig. Groningen, P. Noordhoff, 1932. **V 5 A; $P^1$ 6.**

**H. Wolff.** Karte und Kroki. 2. Aufl. herausgeg. von K. Rüsewald. 55 S. 47 Abb. Leipzig, B. G. Teubner. **VIII 1; U 10.**

**C. Zwikker, A. C. S. van Heel.** Leerboek der optiek. XII + 483 blz. 220 fig. Groningen, P. Noordhoff. **V 8; T 3 a.**

# Register.

MIX

Papier | Fördert gute Waldnutzung

FSC® C083411

Kolibri 360 GmbH
Ferdinand-Jühlke-Straße 7
99095 Erfurt, Deutschland
produktsicherheit@kolibri360.de